土木・環境系コアテキストシリーズ E-6

# プロジェクトマネジメント

大津 宏康 著

コロナ社

# 土木・環境系コアテキストシリーズ
# 編集委員会

### 編集委員長

Ph.D. 日下部 治 (東京工業大学)

〔C:地盤工学分野 担当〕

### 編集委員

工学博士 依田 照彦 (早稲田大学)

〔B:土木材料・構造工学分野 担当〕

工学博士 道奥 康治 (神戸大学)

〔D:水工・水理学分野 担当〕

工学博士 小林 潔司 (京都大学)

〔E:土木計画学・交通工学分野 担当〕

工学博士 山本 和夫 (東京大学)

〔F:環境システム分野 担当〕

2011年3月現在

# 刊行のことば

 このたび,新たに土木・環境系の教科書シリーズを刊行することになった。シリーズ名称は,必要不可欠な内容を含む標準的な大学の教科書作りを目指すとの編集方針を表現する意図で「土木・環境系コアテキストシリーズ」とした。本シリーズの読者対象は,我が国の大学の学部生レベルを想定しているが,高等専門学校における土木・環境系の専門教育にも使用していただけるものとなっている。

 本シリーズは,日本技術者教育認定機構(JABEE)の土木・環境系の認定基準を参考にして以下の6分野で構成され,学部教育カリキュラムを構成している科目をほぼ網羅できるように全29巻の刊行を予定している。

　　　A分野:共通・基礎科目分野
　　　B分野:土木材料・構造工学分野
　　　C分野:地盤工学分野
　　　D分野:水工・水理学分野
　　　E分野:土木計画学・交通工学分野
　　　F分野:環境システム分野

 なお,今後,土木・環境分野の技術や教育体系の変化に伴うご要望などに応えて書目を追加する場合もある。

 また,各教科書の構成内容および分量は,JABEE認定基準に沿って半期2単位,15週間の90分授業を想定し,自己学習支援のための演習問題も各章に配置している。

 従来の土木系教科書シリーズの教科書構成と比較すると,本シリーズは,A

刊行のことば

分野(共通・基礎科目分野)にJABEE認定基準にある技術者倫理や国際人英語等を加えて共通・基礎科目分野を充実させ,B分野(土木材料・構造工学分野),C分野(地盤工学分野),D分野(水工・水理学分野)の主要力学3分野の最近の学問的進展を反映させるとともに,地球環境時代に対応するためE分野(土木計画学・交通工学分野)およびF分野(環境システム分野)においては,社会システムも含めたシステム関連の新分野を大幅に充実させているのが特徴である。

科学技術分野の学問内容は,時代とともにつねに深化と拡大を遂げる。その深化と拡大する内容を,社会的要請を反映しつつ高等教育機関において一定期間内で効率的に教授するには,周期的に教育項目の取捨選択と教育順序の再構成,教育手法の改革が必要となり,それを可能とする良い教科書作りが必要となる。とは言え,教科書内容が短期間で変更を繰り返すことも教育現場を混乱させ望ましくはない。そこで本シリーズでは,各巻の基本となる内容はしっかりと押さえたうえで,将来的な方向性も見据えた執筆・編集方針とし,時流にあわせた発行を継続するため,教育・研究の第一線で現在活躍している新進気鋭の比較的若い先生方を執筆者としておもに選び,執筆をお願いしている。

「土木・環境系コアテキストシリーズ」が,多くの土木・環境系の学科で採用され,将来の社会基盤整備や環境にかかわる有為な人材育成に貢献できることを編集者一同願っている。

2011年2月

編集委員長　日下部 治

# まえがき

　昨今，土木工学をはじめとする多くの工学分野において，効率的・合理的にプロジェクトを企画・遂行するという観点から，エンジニアが「プロジェクトマネジメント」という概念を有することの重要性が唱えられている．しかし，現状では，「プロジェクトとは？」，あるいは「マネジメントとは？」という基本的用語の定義についてすら，各人が共通の認識を有しているとはいえないのが現状である．このような状況の下で，プロジェクトマネジメントとはどのようなものか，あるいはどのような理論により構成されているかを，土木工学・環境工学を学ぶ人に示すことが本書の目的の第一歩である．

　本書の中で繰り返し強調しているが，本書の基本方針は，つぎのように要約される．すなわち，プロジェクトマネジメントとは，工学的知識（engineering knowledge）に経営的知識（business practice）および社会経済的知識（socio-economic knowledge）等の学際的知識を組み合わせることを要する．また，プロジェクトマネジメントの目指すところは，意思決定（decision making）に供する，透明性が高くかつ客観的な情報を明示的に提供することである．

　上記の基本方針のうち，客観的な情報を提供することの重要性については，以下の現状でのプロジェクトマネジメントを取り巻く状況を示した．従来，日本においては，プロジェクトのマネジメントについて，個別のプロジェクトに関する成功体験に基づく経験則を語ることに重きが置かれてきたといえよう．そのこと自体は誤りではないが，これからプロジェクトマネジメントを学ぶ人にとって重要なことは，個別の成功体験を集積・分析して一般的な場の問題へと知識を体系化することであろう．このため，本書では可能な限り数学モデル

# まえがき

を用いることを基本方針としている。

なお本書は，筆者が 2006 年度に京都大学に開設された経営管理大学院で担当した基礎科目「プロジェクトマネジメント」において用いたテキストをベースとしている。経営管理大学での同講義の受講者の特徴は，主として文科系の学部の卒業生であることに加えて，社会人も多く含まれていることである。このような多様な教育背景を有する受講者を対象とするため，工学以外のプロジェクトにおけるマネジメントの基礎知識を提供するとともに，工学系学生に比較して必ずしも数学的知識が十分でない受講者のために，可能な限り簡易な数学モデルに関する解説を加えるよう努めた。その代表例が，Microsoft Excel を用いた確率・統計の算定方法を取りまとめたものである。これまでの筆者の講義実績として，本書のベースとなるテキストについて多くの受講者から高い評価を得ている。

本書では，土木工学・環境工学を学ぶ人を対象とするため，より建設分野にかかわる箇所を加筆したが，経営管理大学院での実績から，これからプロジェクトマネジメントを学ぶ学部生に加えて，すでに工学的知識を有している大学院生および社会人にとっても，本書がプロジェクトマネジメントの入門書となりうると確信している。

土木工学・環境工学分野において，調達方式の変化，社会への説明責任，海外プロジェクトへの参画等の従来的な工学知識のみでは十分に対応できないという昨今の社会的状況の中で，本書で提供する内容が当該分野にかかわる読者にとって有益となれば筆者の幸いとするところである。

2011 年 2 月

大津 宏康

# 目　次

## 1章　序　　　論

1.1　概　　説　*2*

1.2　プロジェクトマネジメントに関する基本概念　*5*

1.3　プロジェクトにおける不確実性　*9*

1.4　本書の構成　*15*

演習問題　*15*

## 2章　プロジェクトにおける意思決定指標

2.1　概　　説　*18*

2.2　費用・便益解析の基本概念　*18*

2.3　便益評価に関する基本概念　*26*

2.4　便益の算定事例　*30*

  2.4.1　走行経費削減・走行時間短縮便益　*31*

  2.4.2　建設段階で排出される温暖化ガスの環境負荷　*35*

演習問題　*36*

## 3章　プロジェクトマネジメントのコスト評価

3.1　概　　説　*39*

3.2　プロジェクトコストの基本概念　*39*

3.3　日本の公共工事における建設コスト積算方法　*43*

  3.3.1　積算体系　*43*

3.3.2　直接工事費の算定方法　*46*

3.3.3　直接工事費の積算事例　*49*

演習問題　*53*

# 4章　プロジェクトリスクマネジメント概論

4.1　概　　　説　*55*

4.2　リスク同定およびリスク分類　*58*

4.2.1　カントリーリスク　*58*

4.2.2　海外プロジェクトにおけるリスク同定・リスク分類　*60*

4.3　リ ス ク 評 価　*63*

4.3.1　主観的リスク　*64*

4.3.2　客観的リスク　*66*

4.4　リ ス ク 対 応　*77*

4.4.1　リスクコントロール　*78*

4.4.2　リスクファイナンス　*82*

演習問題　*82*

# 5章　リスク評価のための確率・統計解析

5.1　概　　　説　*85*

5.2　確率・統計の基本的知識　*86*

5.2.1　離散量に関する知識　*86*

5.2.2　連続量に関する知識　*93*

5.3　生起確率の算定方法　*99*

5.3.1　性能関数の定義に基づく生起確率の算定　*99*

5.3.2　信頼性解析に基づく確率の算定　*101*

5.4　モンテカルロシミュレーションによる近似解法　*103*

5.4.1　一　様　乱　数　*104*

5.4.2　ある確率密度関数に従う乱数　*106*

演習問題　*114*

# 6章 契約管理概論

- 6.1 概　　説　*118*
- 6.2 リスク対応としての契約管理の基本概念　*118*
- 6.3 代表的な契約形式および契約約款　*122*
    - 6.3.1 代表的な契約方式　*122*
    - 6.3.2 代表的な契約約款　*126*
- 6.4 地質リスクに関する契約管理　*129*
- 演習問題　*132*

# 7章 海外建設プロジェクト概論

- 7.1 概　　説　*134*
- 7.2 ODA 概　論　*135*
- 7.3 国際プロジェクト概論　*138*
    - 7.3.1 インフラ整備の調達方法の変化　*138*
    - 7.3.2 民間資本活用型調達方式による建設プロジェクトの構成および事例　*140*
    - 7.3.3 分離コンセッション方式による建設プロジェクトの構成および事例　*147*
- 演習問題　*153*

引用・参考文献　*154*
演習問題解答　*159*
索　　引　*172*

# 1章 序論

### ◆本章のテーマ

　本章では，本書で取り扱うプロジェクトマネジメント（project management）に関する基本姿勢について明らかにするため，プロジェクトマネジメントに関連する用語の定義，およびその基本概念について解説を加える。なお，プロジェクトという用語が多様な分野で用いられているが，本書では主として建設プロジェクトおよびエンジニアリングプロジェクトを対象とするものであることも明らかにする。そして，プロジェクトマネジメントとは，単なる管理手法ではなく，可能な限り算術モデルあるいは数学モデルを用いた定量的な情報に基づく意思決定手法であることについて解説する。

### ◆本章の構成（キーワード）

1.1　概説
　　　プロジェクト，マネジメント，意思決定手法
1.2　プロジェクトマネジメントに関する基本概念
　　　費用・便益解析手法，純現在価値，社会的割引率
1.3　プロジェクトにおける不確実性
　　　不完全情報，リスク工学，カントリーリスク
1.4　本書の構成
　　　コスト，契約管理，建設契約，政府開発援助（ODA）

### ◆本章を学ぶと以下の内容をマスターできます

☞　国内外でのプロジェクトマネジメントにおいて必要となる用語の定義およびその基本概念
☞　プロジェクトマネジメントとは意思決定にかかわるものであること

## 1.1 概説

　昨今，日本においてもプロジェクトマネジメントという言葉がよく使用されるようになってきた。ただし，**プロジェクト**（project）とは何か，また**マネジメント**（management）とは何かについては，現状では多様な解釈がなされているようであり，必ずしも統一した定義を行うことは困難であるかもしれない。例えば，プロジェクトについては，生産プロジェクト，新製品開発プロジェクト，建設プロジェクト，投資プロジェクト等と，その用語を使用する人ごとにそれぞれ異なるイメージを抱くであろう。

　この課題に対処するため，本書ではまずプロジェクトについて，厳密な定義を避け，以下のような意味を有するものとして取り扱う。

　「プロジェクトとは主として組織の戦略計画（目的）を達成する手段として実施される一定規模の計画事業を指し，その特徴は有期性・独自性にある。継続・反復性を有する定常業務とは明確に区別される[1]~[3]†。また，複数の人間・組織が関与することが多いことも特徴の一つとして挙げられる。」

　上記の解釈で重要な点は，下線を施した有期性・特定目的・複数の人間・組織が関与することである。

　また，マネジメントについても，プロジェクトと同様に厳密な定義を避け，以下のような意味を持つものとして取り扱う。

　「マネジメントとは，意思決定に供する情報を明示する方法論の一つである。」

　なお，現状ではマネジメントについては，管理と解釈される事例が見られる。しかし本書では，上記のように，マネジメントとは意思決定にかかわるものと定義する。この定義の下では，マネジメントする人，すなわち**マネージャー**（manager）とは，「単なる管理者ではなく，意思決定を行い，かつその決定に対して責任をとる立場の人」と解釈されるであろう。ちなみに，管理

---

† 肩付き数字は，巻末の引用・参考文献番号を表す。

する立場にありながら，自身で意思決定を行わず上司に委ねる，あるいは自身の意思決定に対して責任をとらない管理者は，マネージャーではなく，**メッセンジャー**（messenger）と解釈すべきであろう。

　加えて，従来，日本においては経験則に基づく主観・直感による意思決定をマネジメントと解釈しているような事例も認められる。特に，工学分野においてはこの傾向が強いといえる。余談ではあるが，このような意思決定は，KKD モデルと呼ぶべきであろう。すなわち，プロジェクトにおいて成功する 3 要素は，K（経験）・K（勘）・D（度胸）であると称する人がいるかもしれない。もちろん，この KKD モデルが日本の高度経済成長期において有効であった側面は否定できないが，KKD モデルに基づくマネジメントの多くは，限定した成功体験に基づくことが多い。このような成功体験に基づく議論は，**特定した条件**（site-specific）に限定したものであることに留意すべきである。つまり，上記の高度経済成長期の事例に示すように，その意思決定がなぜ成功に至ったかの社会・経済情勢にかかわる境界条件を明らかにすることが肝要である。

　したがって，マネジメントを学ぶ上で重要なことは，成功体験を論理的により**一般的な条件**（generic）の問題へと体系化することであると考えられる。

　このような観点から，上記の解釈のように，マネジメントとは意思決定に供する情報を提供するものであるとすれば，その情報は，可能な限りバイアスのない，客観性および透明性の高いものである必要がある。つまり，KKD モデルのように，主観的に「私は思う」ではなく，「誰が見ても」という姿勢へと変更する必要がある。

　それでは，可能な限りバイアスのない，客観性および透明性の高い情報を提供しうる手法とは何であろうか。考えうる限りにおいて，このような条件を満足する手法は，おそらく算術モデルあるいは数学モデルであると考えられる。なぜならば，数学モデルの基本は，「1＋1＝2」であり，誰が見ても同じであるという客観性および透明性を満足しているからである。

　したがって，本書においては以後，前述したマネジメントの意味を踏まえつ

つ，建設プロジェクトおよびエンジニアリングプロジェクトを対象とし，可能な限り算術モデルあるいは数学モデルを用いて，定量的な情報に基づく意思決定手法を示すことにする。

なお，本書のマネジメントに関する記述は，算術モデル・数学モデルを用いてマネジメントに関する認識をできるだけ一般化させることの重要性を示したものであることに留意されたい。しかし，マネジメントにかかわる諸事項の中には，それぞれの国民性・文化に根ざしたものもあることは否定できない。

その一事例である，日本と欧米のビジネスマンのプロジェクトマネジメントに関する意識の相違について，つぎの例題を用いて解説する。

### 例題 1.1

図 1.1 に示すように，人間を能力およびモチベーションの二つの軸からなる平面を用いて表現するものとする。日本のビジネスマンにとって理想の上司の姿をこの平面にプロットするとともに，その理由について述べよ。

さらに，欧米のビジネスマンを考えた場合には，この結果がどのように変わる可能性があるかについても考察せよ。

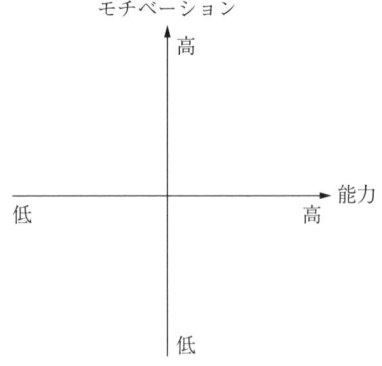

図 1.1 能力-モチベーション平面

### 解答

筆者の経験では，日本の中堅以上のビジネスマンに，「あなたにとって理想の上司の姿を，図 1.1 に示す平面にプロットせよ」と質問した場合に得られる解答の多くは，「第 2 象限（能力低い・モチベーション高い）」である。これは，日

本の中堅以上のビジネスマンにとっては，伝統的に「難しいことはわからないのでお前に任せた，責任はおれがとる」という一種浪花節（なにわ）で，自分に仕事を任せてもらうという気質が重んじられてきたことによるものと解釈される。言い換えれば，日本ではプロジェクトを集団で実施する場合には，上司は細かいことをいわず，部下のやる気を損なわず，組織の「和」を重んじることが強調されてきたとも解釈される。つまり，組織論として，「ボトムアップ」の運営が尊ばれてきたといえよう。加えて，ビジネスマンの実感として，「第1象限（能力高い・モチベーション高い）」の上司では，フォローするのが大変だという意見が聞かれることも多い。

これに対して，同じ質問を欧米のビジネスマンにした場合には，ほとんど得られる解答は，「第1象限（能力高い・モチベーション高い）」である。これは，欧米型のプロジェクトの運営は，強いリーダーの下での「トップダウン」であることに起因するものと解釈される。

このように，日本型マネジメントと欧米型マネジメントでは基本姿勢に相違があるにせよ，組織としての対応が必要となるプロジェクトの実施に当たっては，今後，意思決定に関する客観性・透明性を高める必要性が高まるものと考えられる。加えて，近年本例題の質問を，若手ビジネスマンおよび大学生にした場合には，ほとんどが「第1象限（能力高い・モチベーション高い）」という解答が得られることからも，意思決定に関する客観性・透明性を担保することの重要性は，さらに高まるものと推察される。

## 1.2　プロジェクトマネジメントに関する基本概念

プロジェクトを円滑かつ効果的に遂行する上では，その第一歩として社会情勢および，**市場**（market）の動向あるいはニーズについての情報収集・分析とともに，そのプロジェクトに投入可能な**資源**（resources）と，その遂行によって得られる収益・便益に関する分析が不可欠であることはいうまでもない。

一般に，建設プロジェクトおよびエンジニアリングプロジェクトは，企画・調査・設計・操業／維持管理というプロジェクトライフで構成される。一般的な建設プロジェクトおよびエンジニアリングプロジェクトを想定した場合，プ

ロジェクトライフにおいて，投入される費用と，得られる収益・便益の関係は，**図 1.2** のように表される。図に示すように，プロジェクトに投入される費用（コスト）$C$ は，それぞれ開発・調査・設計費用 $C_A$（図 1.2 の A に相当），機器購入据付費用 $C_B$（図 1.2 の B に相当），建設費用 $C_C$（図 1.2 の C に相当），および操業／維持管理費用 $C_E$（図 1.2 の E に相当）の和からなる。なお，このプロジェクトライフ全体で必要となる費用 $C$ が**ライフサイクルコスト**（life cycle cost）に相当するものであるが，一般的には開発・調査・設計費用 $C_A$ を除いたものがライフサイクルコストと称されることが多い。

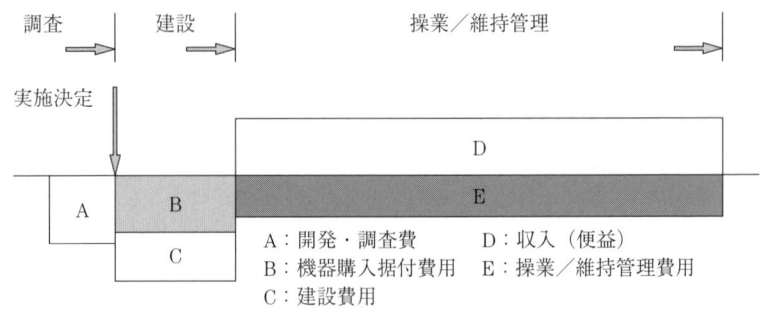

図 1.2　建設プロジェクトライフ

上記の各費用の内，調査段階における開発・調査費用は，プロジェクトを実施する上で，以下の事項を検討するために投入される。

① 収益・便益推定
② 費用（建設費用，機器購入据付費用，操業／維持管理費用）
③ 建設工程・工期

これらの事項は，必ずしも独立したものではないことに留意する必要がある。プロジェクトの実施を検討する上で重要なことは，予算・時間制約，すなわち投入可能な資源と時間（工期）の下で，プロジェクトの遂行によって得られる**収益**（benefit）を考慮し，プロジェクトを実施するか否か，すなわち「go」or「not go」の意思決定を行うことである。例えば，建設工期を短縮するためには，より多くの資源を投入することが必要となり建設費用が増加するが，そ

## 1.2 プロジェクトマネジメントに関する基本概念

の一方で，建設工期を短縮することで収益・便益が早く得られることになる。このような課題に対して，つぎの例題を用いて解説する。

### 例題 1.2

鉄道建設プロジェクトにおいて，トンネルを構築する場合に，在来工法を用いる場合（case 1）と機械掘削である**トンネルボーリングマシン**（tunnel boring machine，**TBM**）を用いる場合（case 2）の比較において，それぞれの建設費用 $C_1$ および $C_2$ が $C_1 < C_2$，建設工期 $T_1$ および $T_2$ が $T_1 > T_2$ の関係にあるとする。

この意思決定において，どちらの工法を用いることが適切であるかについて，便益・費用・工期の観点から比較検討せよ。

### 解答

この事例における建設費用 $C_C$ は，以下のような3種類の費用を変数とする以下の関数 $f$ として表現される。

$$C_C = f(M_1, M_2, M_3) \tag{1.1}$$

ここに，$M_1$ は**人件費**（man-power expense），$M_2$ は**材料費**（material expense），$M_3$ は**機材費**（machinery expense）を表す。

したがって，本例題の事例であれば，建設費用 $C_C$ に関して，在来工法を用いる場合（case 1）と TBM を用いる場合（case 2）では，以下のような相違がある。すなわち，case 1 での人件費 $M_1$ は case 2 に比較して大きくなる一方，case 2 の機材費 $M_3$ は case 1 に比較して大きくなる。一般的には，TBM の調達コストは他の機械の調達コストに比べて支配的となることが想定されるため，その建設費用について $C_1 < C_2$ の関係が成り立つものと考えられる。このため，図1.1に示すプロジェクトライフにかかわる各費用のうちで建設費用 $C_C$ のみを判断指標とした場合には，在来工法を用いる場合（case 1）が採択されることになる。

一方，建設工期については，一般的には TBM を用いる場合（case 2）に，在来工法を用いる場合（case 1）と比べて大幅な工期短縮が図れることが想定されるため，工期について $T_1 > T_2$ の関係が成り立つものと考えられる。しかし，建設費用 $C_C$ 最小化の条件下では，このような建設費用の増加を伴う工期短縮の効果は意思決定に反映されないことになる。

それでは，この工期短縮の効果は，どのように評価すべきであろうか。その一

つの方法は，図1.2に示すプロジェクトライフにおけるライフサイクルコストと，得られる収益・便益の関係を総合的に評価する，費用・便益解析の概念を導入することである．なお，費用・便益解析の基本概念については2章で述べるため，本章では，費用・便益解析における代表的な判断指標である**純現在価値**（net present value, **NPV**）[4]を用いて解説する．

まず，純現在価値NPVは，プロジェクトライフを$n$年とした場合に，プロジェクトライフ内の$t$年での便益を$B_t$，費用を$C_t$として，次式に示すように表される．

$$\text{NPV} = \sum_{t=1}^{n} \frac{B_t}{(1+\rho)^t} - \sum_{t=1}^{n} \frac{C_t}{(1+\rho)^t} \tag{1.2}$$

式（1.2）においては，便益$B_t$と費用$C_t$はともに，割引率$\rho$を用いてプロジェクト開始段階での現在価値へと割り戻されることになる．

ここで，割引率$\rho$は，公共経済分野では**社会的割引率**（social discount rate）と呼ばれることが多く，将来に想定される収入・支出を現在価値に割り戻して評価するために用いられる係数である．このため，構造物の重要度とは無関係に，対象国のマクロ経済の成長率あるいは公定歩合等に連動して設定されるものであり，現状では具体的な値として，**表1.1**に示すように日本では0.04（4％），発展途上国では0.10〜0.12（10〜12％）に設定されることが一般的である[5]．

表1.1 各国における社会的割引率

| 国　名 | 日　本 | ドイツ | イギリス | フランス | アメリカ | 開発途上国 |
|---|---|---|---|---|---|---|
| 社会的割引率 | 4％ | 3％ | 8％ | 8％ | 7％ | 10〜12％ |

（注）引用・参考文献5）に加筆したもの．

ここで，社会的割引率が大きいということは，将来にわたる経済における不確実性が高いことを意味する．つまり，経済成長が著しい発展途上国では高い値を設定して，将来的な価値を低く見積もる検討が行われる．また社会的割引率は，経済成長という視点に加えて利子率も勘案して設定される．このため，経済成長が安定期にある先進国においても，イギリスやフランスのように8％という比較的大き目の値が設定されることがある．

式（1.2）の定式化の下で，建設費用$C_C$に関して，在来工法を用いる場合（case 1）はTBMを用いる場合（case 2）に比べて工期が長いため，式（1.2）の第1項となる現在価値での建設費用$C_C$の総和での両者の差は，割引きを行わない建設費用の差（$C_2 - C_1$）に比べて大きくなる．しかし，その一方で，便益$B$に関しては，TBMを用いる場合（case 2）のほうが工期が短いため，在来工法を

用いる場合（case 1）に比べて早期に便益が発生することになる。このため，式(1.2)の第2項となる現在価値での便益の総和において，割引きを行わない両者の便益が同じとした場合でも，TBMを用いる場合（case 2）のほうが収益性に優れていると評価される可能性が高いと解釈される。

最終的には，在来工法を用いる場合（case 1）とTBMを用いる場合（case 2）それぞれについて，図1.2に示す機器購入据付費用$C_B$，建設費用$C_C$，操業／維持管理費用$C_E$および，想定される便益を式(1.2)に代入して純現在価値NPVを算定し，その比較よりいずれの工法が優れているかを判断することになる。

---

以上のように，式(1.2)に示す純現在価値NPVを判断指標とすることで，例題1.2に示すような，便益・費用・工期を総合的に評価した合理的な工法選択が可能となる。

なお，建設プロジェクトが民間資金によって進められる場合には，公共投資による建設プロジェクトと異なり，借入金によりプロジェクトが実施されるため，操業／維持補修段階での資金返済，およびその金利負担が事業性評価での最重要課題となる。このため，例題1.2に示すようなプロジェクトにおいては，工期短縮は，収入によりキャッシュフローが早期に発生し資金返済につながることから，公共投資による建設プロジェクトに比べて大きなインセンティブになることに留意されたい。また，このようなプロジェクトにおける資金返済およびその金利負担を考慮することで，従来工法に代わる新工法開発のインセンティブが生まれることにも留意されたい。

## 1.3　プロジェクトにおける不確実性

1.2節に述べたように，プロジェクトを遂行する上では，社会情勢，市場動向，費用および便益等について情報収集・分析することが必要となる。しかし，ここで留意すべきことは，現実においては，収集された情報は必ずしも完全なものでないということである。すなわち，プロジェクトマネジメントの基本概念としては，上記の事項についてつねに留意することが必要となる。

1. 序　論

　したがって，プロジェクトマネジメントの認識に関する第一歩は，以下のように要約されるであろう．

　「プロジェクトマネジメントの基本は，「不完全な情報・条件」下での最適な意思決定を行うとともに，それを実行するための戦略を立案することである．」

　ここで，「不完全な情報・条件」は，プロジェクトの実施に関する意思決定を行う事前段階においては，「事前のすべての情報について解明できていない，あるいは記述できていないこと」と定義されるであろう．例えば，商品開発においては，開発後の商品販売段階における景気動向について完全に予測・評価することは一般的には不可能である．また，地下工事を含む建設プロジェクトあるいは，石油に代表されるエネルギー開発プロジェクトにおいては，事前に地下の地盤条件・地盤構造を完全に表現・把握することは一般的には不可能である．さらに，交通セクター（道路・鉄道）のプロジェクトにおいては，事前に操業後の利用者数を完全に推定することも一般的には不可能である．

　したがって，図1.2に示したプロジェクトライフにおけるライフサイクルコスト，および得られる収益・便益の関係は，プロジェクトの実行は「不完全な情報・条件」下にあることを考慮した場合には，**図1.3**に示すように書き換えられることになる[6]．図において波形で示した3項目（図1.3のC′，D，E′に示す事項に相当）は，その金額の変動特性が大きいと想定されるものを意味する．その内容は，以下のように要約される．

① 建設段階での費用のうち，機器購入据付は価格変動が小さいことから，機器購入据付費用は定額分に分類される．一方，建設費用については，さまざまな工種により構成されるため，それぞれを定額分と変動額分（図1.3中のC′に相当）に分類することが必要となる．その中で，変動額分に相当する代表工種としては，前述のようにトンネル・地下空洞等の地下工事が挙げられる．

② 操業／維持管理費用の変動分（図1.3のE′に相当）としては，機器の点検・補修，操業段階での調達資金に対する返済金等が挙げられる．このうち，その変動額分に相当する代表的事項としては，操業期間が長期に及ぶ

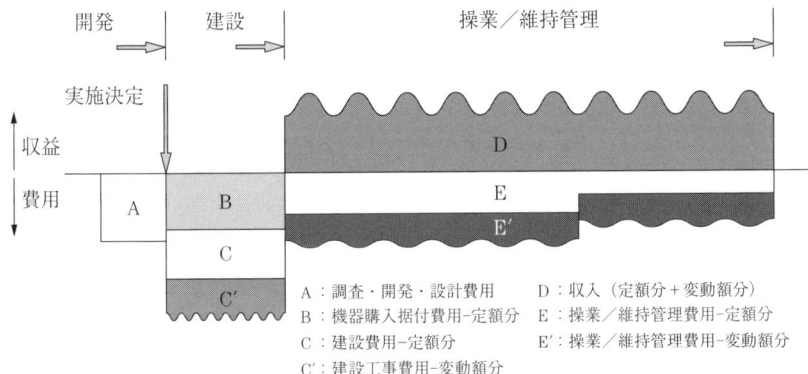

**図1.3** 建設プロジェクトライフ（変動性考慮）

ことから，返済金の金利変動に関する長期市場リスクが挙げられる。

③ 操業／維持管理段階での収益・便益の変動分（図1.3のDに相当）について，前述の交通セクター（道路・鉄道）のプロジェクトにおける利用者数の**不確実性**（uncertainty）に起因する料金収入の変動が挙げられる。

このような「不完全な情報・条件」と判断される代表的な事例について認識するため，つぎの例題を用いて解説する。

### 例題1.3

プロジェクトの実施に当たり，「不完全な情報・条件」と判断される代表的な事例について挙げるとともに，なぜその事象が不完全情報として取り扱わざるを得ないかについて考察せよ。

### 解答

不完全な情報・条件と判断される事例を，その性質から以下のように大別するとともに，それぞれの区分に対する事例およびその事象が不完全情報として取り扱わざるを得ないかについては，以下のように記述されるであろう。

① 時間軸方向で変動する事象

当該区分に該当する事象の代表例としては，株価および為替変動が挙げられる。このような事例は，アジア通貨危機，あるいはサブプライムローン危機のような世界的な経済情勢の変動により発生するが，事前に確実に予測することは不可能と解釈される。

② 時間軸方向に変動はしないが予算制約に起因する事例
　　当該区分に該当する事象の代表例としては，建設プロジェクトにおける地下の地質条件が挙げられる。この事例は，①の事例と異なり時間軸方向で変動するものではない。しかし，地質調査に割り当てられる予算の制約により，プロジェクト実施前に地下の条件をすべて明らかにすることは不可能であると解釈される。
　　その他，身の回りに「不完全な情報・条件」と判断される事象は数多く挙げられる。このため，各人が想定する事象について考察することは，プロジェクトマネジメントへの理解を深める上で有益であると推察される。

　上記の事項を踏まえて，本書では不確実な条件のモデル化に関して，つぎのような基本方針を採用する。
　「プロジェクトの遂行に関しては，その意思決定に供する情報には多くの不確実要因が含まれていることが一般的である。この不確実性についてはリスク要因として取り扱うものとする。」
　プロジェクトの実施に当たっては，さまざまなリスク要因が内在していることはいうまでもない。したがって，プロジェクトマネジメントにおいては，その内在するリスク要因に対するリスクマネジメントが不可欠の課題となる。詳しくは 4 章で解説する。
　国内のプロジェクトではリスク要因としてプロジェクトに起因するもののみを考慮すればよいが，海外でプロジェクトを実施する場合には，プロジェクトの一般的なリスクに加えて，**カントリーリスク**（country risk），**マーケットリスク**（market risk）等の上位のリスク要因を考慮しなければならない（図 4.2 参照）。このカントリーリスクとは，つぎのように解釈されるものである。
　「海外でプロジェクトを実施する際には，その国あるいは地域の政治的状況およびマクロ経済状況に加えて，文化的および宗教的な習慣等の違いについて考慮することが不可欠となる。このようなその国あるいは地域に固有な状況がプロジェクトを実施する上で支障となる要因を総称してカントリーリスクと呼ぶ。」

## 1.3 プロジェクトにおける不確実性

　昨今，建設分野・エンジニアリング分野では，国内市場が少子高齢化社会の到来に伴い縮小する中で，海外プロジェクトへ参画する機会が増加しつつある。こうした状況の下で，カントリーリスクへの対応は，重要な課題になりつつある。

　プロジェクトのリスク構造のうち，国家レベル・マーケットレベルでの典型的なカントリーリスクの要因となる為替変動等のマクロ経済に関連するリスク要因の評価については，現状では各国のマクロ経済状況の評価に基づく，いわゆる格付け結果が最も一般的である。表1.2は，その一例として，THE HANDBOOK OF COUNTRY RISK 2002[7]での，G7諸国および，ASEAN＋2（韓国・中国）各国を対象として，短期的および中期的な経済状況について，それぞれ7ランクおよび6ランクに格付け分類した結果を抜粋して示したものである。

　これに対して，カントリーリスクのうち，それ以外のリスク要因については，その国あるいは地域に固有な要因に起因するものが多いため，日本人の感覚のみで対応することはほとんど不可能であることが多い。このため，カントリーリスクの多くは，プロジェクトを実施する国における，ローカルカンパニーあるいはローカルスタッフに対応を任せることが，合理的にリスクを制御する方策であると考えられる。

　ところで，リスクマネジメントのフロー（図4.1参照）の中のリスク対応とは，文字どおり評価されたリスクに対してどのように対処するかである。一般的には　評価されたリスクを低減するという対応が想定されるが，そのほかに，評価されたリスクを他者に**転嫁**（transfer）する，あるいはリスクを**分配**（allocation）するという方策が挙げられる。

　この方策の代表的なものが**契約**（contract）である。このため，プロジェクトリスクマネジメントの観点からは，契約とは以下のように解釈される。

　「契約とは，プロジェクトの実施において想定されるあらゆるリスク要因を挙げ，そのリスク要因が顕在化した場合のリスクの分配ルールについて記述したものである。」

1. 序　論

**表1.2** 各国の経済状態に関する格付け評価結果[7]

| 国　名 | short-term | medium-term |
|---|---|---|
| 〈G7 諸国〉 | | |
| 日　本 | $A_2$ | very low risk |
| アメリカ | $A_1$ | very low risk |
| ドイツ | $A_1$ | very low risk |
| フランス | $A_1$ | very low risk |
| イギリス | $A_1$ | very low risk |
| カナダ | $A_1$ | very low risk |
| イタリア | $A_2$ | very low risk |
| 〈ASEAN＋2（ブルネイは除く）〉 | | |
| 韓　国 | $A_2$ | low risk |
| 中　国 | $A_3$ | low risk |
| カンボジア | D | very high risk |
| インドネシア | C | very high risk |
| ラオス | C | high risk |
| マレーシア | $A_2$ | low risk |
| ミャンマー | C | very high risk |
| フィリピン | $A_4$ | quite high risk |
| シンガポール | $A_2$ | very low risk |
| タ　イ | $A_3$ | quite low risk |
| ベトナム | C | high risk |

（注）　評価分類
・short-term（7ランク）：　$A_1$, $A_2$, $A_3$, $A_4$, B, C, D
・medium-term（6ランク）：　very low risk, low risk,
quite low risk, quite high risk, high risk, very high risk

　なお，上記の解釈は，契約を締結する段階において，ある程度対象とするプロジェクトに内在するリスク要因が想定される場合に相当するものであることに留意されたい。実際のプロジェクトでは，事前に想定されていないリスク要因が顕在化することが多いことが知られており，この際にはそのリスクに対する対応についての意見の相違が，紛争につながる危険性があることにも留意されたい。

## 1.4 本書の構成

本書では，1章に示した基本概念の下で，各章において以下の事項について解説を加える。

2章では，プロジェクトの実施に関する意思決定法としての費用・便益解析の基本概念を示すとともに，その評価方法について解説を加える。

3章では，プロジェクトマネジメントの構成要素としてコスト管理を取り上げ，その基本概念を示すとともにその評価方法について解説を加える。

4章では，プロジェクトリスクマネジメントの概論について解説する。具体的には，プロジェクトリスクマネジメントでの構成要素であるリスク同定・リスク分類・リスク評価・リスク対応について，基本概念とともに具体的な事例についても解説を加える。

5章では，プロジェクトリスクマネジメントの構成要素のうちリスク評価に特化し，客観的リスク評価としての確率・統計を用いた評価手法について示す。なお，この評価においては，入門編として主として Microsoft Excel（以下，Excel と記載）ソフトを用いた算定方法について示すものとする。

6章では，プロジェクトリスクマネジメントの構成要素のうち，リスク対応の代表的な方法である契約管理に着目し，建設契約に関して解説を加える。

最後に，7章では，昨今建設分野およびエンジニアリング分野での海外プロジェクトへの参画が活発化している状況を踏まえ，海外建設プロジェクトに関する概説を加える。具体的には，従来の**政府開発援助**（Official Development Assistance, **ODA**）の概要に加えて，近年の民間資本活用型の国際プロジェクトの動向についても解説を加える。

### 演習問題

〔1.1〕 プロジェクトマネジメントの観点から建設プロジェクトが，エンジニアリングプロジェクトなどの他のプロジェクトと異なる特徴を挙げよ。

〔1.2〕 個人の成功体験に固執することが失敗につながる危険性があることについて考察せよ.

〔1.3〕 自分の知る範囲あるいは経験した範囲で，カントリーリスクと思われる事項について挙げよ.

〔1.4〕 不確実性とリスクの相違について考察せよ.

〔1.5〕 インフラ構造物の新たな調達方法となる民間資本活用型プロジェクトの代表例であるプライベートファイナンスイニシアティブ（private finance initiative, **PFI**），および，パブリックプライベートパートナーシップ（public private partnership, **PPP**）について調査せよ.

# 2章 プロジェクトにおける意思決定指標

### ◆ 本章のテーマ

本章では，1章で述べたプロジェクトにおける定量的指標に基づく意思決定方法の代表例として費用・便益解析を取り上げ，その基本概念について解説する．具体的には，まず費用・便益解析における代表的な判定指標の基本的な算定方法について解説した後，便益評価の基本概念を示す．そして，便益評価では，便益に関する3層構造（企業／事業者レベル，消費者／利用者レベル，社会レベル）について解説し，その中でも社会レベルの便益評価例として昨今，注目されている温室効果ガスの排出問題に対する評価方法・事例について解説する．最後に，道路建設プロジェクトを対象とした便益評価事例を示す．

### ◆ 本章の構成（キーワード）

2.1 概説
    工期，費用・便益解析，貨幣価値，社会経済的観点
2.2 費用・便益解析の基本概念
    純現在価値，費用便益比，内部収益率
2.3 便益評価に関する基本概念
    便益の3層構造，財務的内部収益率，経済的内部収益率
2.4 便益の算定事例

### ◆ 本章を学ぶと以下の内容をマスターできます

☞ 3層構造からなる便益に関する基本概念および評価方法
☞ 費用・便益解析における代表的な判定指標の基本的な算定方法

## 2.1 概　　説

1章で述べたように，費用・便益解析は，投入可能な資源と時間（工期）の下で，プロジェクトの遂行によって得られる便益・収益との関係に基づき，プロジェクトを実施するか否か，あるいは複数案のうち，いずれの案を選択するかの意思決定を行う上で有効な手法となる。

本章では，まず費用・便益解析における代表的な判断指標，およびその算定方法について解説を加える。つぎに，便益・収益の評価は，プロジェクトの種類によっては，財務的に直接貨幣価値単位で算定可能なものと，社会経済的手法により間接的に貨幣価値単位で算定するものとに区分されることについて解説を加える。さらに，道路建設プロジェクト対象として，社会経済的観点に基づく便益の算定方法について解説を加える。

なお，費用の算定方法については後述するものとして本章では取り扱わないものとする。

## 2.2 費用・便益解析の基本概念[1]

費用と便益を総合的に評価してプロジェクトへの投資の意思決定を行うための代表的な判断指標としては，①**純現在価値** NPV，②**費用便益比** $B/C$（cost benefit ratio），③**内部収益率** IRR（internal rate of return）が挙げられる。

以下で，上記の各指標を算定するために，ある単一プロジェクトのプロジェクトライフを $n$ 年，$t$ 年 $(0<t<n)$ における便益と費用をそれぞれ $B_t$，$C_t$，所与の割引率を $\rho$ と設定する。この条件の下で，上記の①～③の各判断指標は，それぞれ以下のように定義される。

① 純現在価値

　　純現在価値 NPV は，次式に示すように定義される。

$$\mathrm{NPV} = \sum_{t=1}^{n} \frac{B_t}{(1+\rho)^t} - \sum_{t=1}^{n} \frac{C_t}{(1+\rho)^t} \tag{2.1}$$

式 (2.1) に示す定義の下で，便益の現在価値から費用の現在価値を差し引いた値が正の値であれば，当該プロジェクトは投資に値することになる。

② 費用便益比

費用便益比 $B/C$ は，次式に示すように定義される。

$$B/C = \frac{\sum_{t=1}^{n} \frac{B_t}{(1+\rho)^t}}{\sum_{t=1}^{n} \frac{C_t}{(1+\rho)^t}} \tag{2.2}$$

式 (2.2) に示す定義の下で，便益の現在価値を費用の現在価値で除した値(比率)が1以上であれば当該プロジェクトは投資に値することになる。

③ 内部収益率

内部収益率 IRR は，純現在価値 NPV＝0（式 (2.1) 参照），すなわち費用の現在価値と便益の現在価値を等しくする割引率と定義される。この収益率が大きければ，当該プロジェクトは投資に値することになる。

上記の純現在価値 NPV および費用便益比 $B/C$ を算定する上での，各年数 $t$ に対する割引率 $\rho$ を考慮した費用および便益の関係は，**図 2.1** および**表 2.1** のようになる。

つぎに，内部収益率 IRR は，次式により算定される。

$$(B_1 - C_1)\left(\frac{1}{x}\right) + (B_2 - C_2)\left(\frac{1}{x}\right)^2 + (B_3 - C_3)\left(\frac{1}{x}\right)^3$$
$$+ \cdots + (B_n - C_n)\left(\frac{1}{x}\right)^n = 0 \tag{2.3}$$

ここに，$x = 1 + \rho$ を表す。

したがって，内部収益率 IRR は，一般的には式 (2.3) に示す多次方程式を解くことによって算定されるため，なんらかの数値解析手法を適用することが必要となる。その簡便な解法の一つとして，Excel の組込み関数の中の「財務」に含まれているコマンド「IRR」を使用することが挙げられる。

## 2. プロジェクトにおける意思決定指標

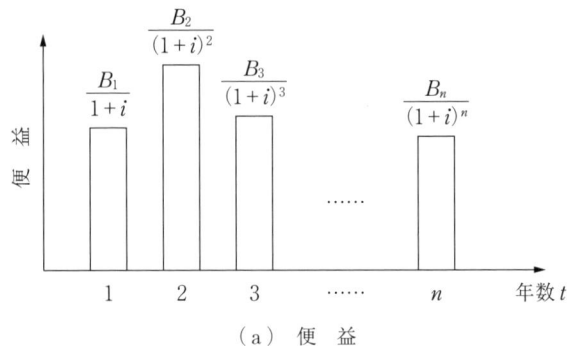

(a) 便益

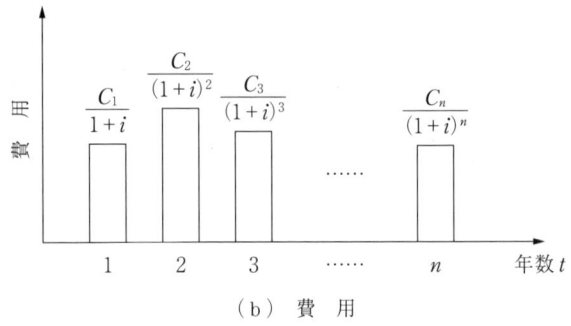

(b) 費用

図 2.1 費用と便益の経年変化

表 2.1 費用・便益の関係

| 年 数 | 1 | 2 | 3 | ……… | $n$ |
|---|---|---|---|---|---|
| 便 益 | $B_1$ | $B_2$ | $B_3$ | ……… | $B_n$ |
| 便 益 (割引率考慮) | $\dfrac{B_1}{1+i}$ | $\dfrac{B_2}{(1+i)^2}$ | $\dfrac{B_3}{(1+i)^3}$ | ……… | $\dfrac{B_n}{(1+i)^n}$ |
| 費 用 | $C_1$ | $C_2$ | $C_3$ | ……… | $C_n$ |
| 費 用 (割引率考慮) | $\dfrac{C_1}{1+i}$ | $\dfrac{C_2}{(1+i)^2}$ | $\dfrac{C_3}{(1+i)^3}$ | ……… | $\dfrac{C_n}{(1+i)^n}$ |

なお，純現在価値 NPV および費用便益比 $B/C$ は，所与の割引率 $\rho$ を固定して算定するのに対して，内部収益率 IRR は純現在価値 NPV が 0 となる割引率となるため，その算定過程では**表 2.2** に示すように，所与の割引率 $\rho$ を用いない当初の費用 $C_t$ および便益 $B_t$ を用いることに留意されたい．

## 2.2 費用・便益解析の基本概念

**表 2.2** 内部収益率 IRR の算定手順

| 年数 $t$ | 1 | 2 | 3 | ……… | $n$ |
|---|---|---|---|---|---|
| 便益 $B_t$ | $B_1$ | $B_2$ | $B_3$ | ……… | $B_n$ |
| 費用 $C_t$ | $C_1$ | $C_2$ | $C_3$ | ……… | $C_n$ |
| $B_t - C_t$ | $B_1 - C_1$ | $B_2 - C_2$ | $B_3 - C_3$ | ……… | $B_n - C_n$ |

### 例題 2.1

表 2.3 に示すようなプロジェクトにおいて,割引率を 10 % として,このプロジェクトの判断指標となる純現在価値 NPV,費用便益比 $B/C$ および内部収益率 IRR を算定せよ.

**表 2.3** 費用・便益評価に関する判断指標の算定結果

| $t$ | $B_t$ | $C_t$ | $(1+i)^t$ | $B_t/(1+i)^t$ | $C_t/(1+i)^t$ | $B_t - C_t$ |
|---|---|---|---|---|---|---|
| 1 | 15 | 15 | 1.10 | 13.64 | 13.64 | 0 |
| 2 | 15 | 15 | 1.21 | 12.40 | 12.40 | 0 |
| 3 | 15 | 20 | 1.33 | 11.27 | 15.03 | $-5$ |
| 4 | 30 | 20 | 1.46 | 20.49 | 13.66 | 10 |
| 計 | | | | 57.79 | 54.72 | |

### 解答

この解法は,表 2.3 に示すように要約される.
① 純現在価値 NPV
　純現在価値 NPV = 57.79 − 54.72 = 3.07
② 費用便益比 $B/C$
　費用便益比 $B/C$ = 57.79/54.72 = 1.06
③ 内部収益率 IRR
　内部収益率 IRR は,$x = 1 + \rho$ とおいた場合に以下の方程式を解くことにより算定される.

$$(-5) \cdot \left(\frac{1}{x}\right)^3 + 10 \cdot \left(\frac{1}{x}\right)^4 = 0$$

$$-5x + 10 = 0, \quad x = 2.0 \text{ (すなわち, } \rho = 1.0)$$

したがって,内部収益率 IRR = 1.0 (100 %) となる.

例題 2.1 では,演算の手順をわかりやすくするために,費用 $C$ と便益 $B$ が

同時に発生するようなモデルを用いて説明を加えた。しかし，実際のプロジェクトにおいては，図 2.2 に示すように，プロジェクトにおける初期段階すなわち準備段階に費用 $C$ が発生し，その後，例えば製品完成後あるいは構造物の完成後に便益 $B$ が発生することが一般的であることに留意されたい。そして，図 2.2 に示すように，プロジェクトライフにおいて費用 $C$ のうち，便益 $B$ と同時に発生するのは維持管理費用のみに限定されることに留意されたい。

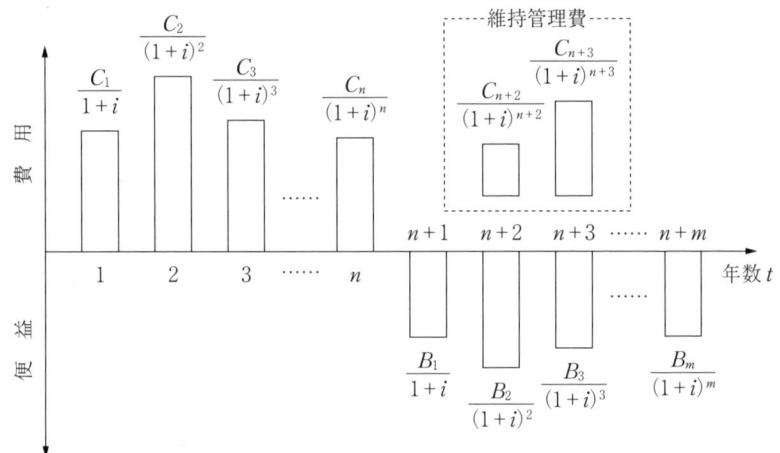

**図 2.2** 一般的な費用 $C$ および便益 $B$ の時系列的な発生分布

つぎに，二つのプロジェクト（プロジェクト A・プロジェクト B）を対象とし，純現在価値 NPV と内部収益率 IRR の関係について，図 2.3 を用いて以下に解説する。

図 2.3 に示すように，各プロジェクトの純現在価値 NPV は，式 (2.1) に示す関係から，割引率 $\rho$ が増加するにつれて減少する傾向となる。この関係において，所与の割引率 $\rho_i$ に対する各プロジェクトの純現在価値 NPV は，それぞれ $(NPV)_{Ai}$ および $(NPV)_{Bi}$ と算定される。一方，各プロジェクトの内部収益率 IRR は，純現在価値 NPV が 0 となる割引率であることから，それぞれ $(IRR)_A$（図 2.3 の割引率 $\rho_A$ に相当），および $(IRR)_B$（図 2.3 の割引率 $\rho_B$ に相当）と算定される。

## 2.2 費用・便益解析の基本概念

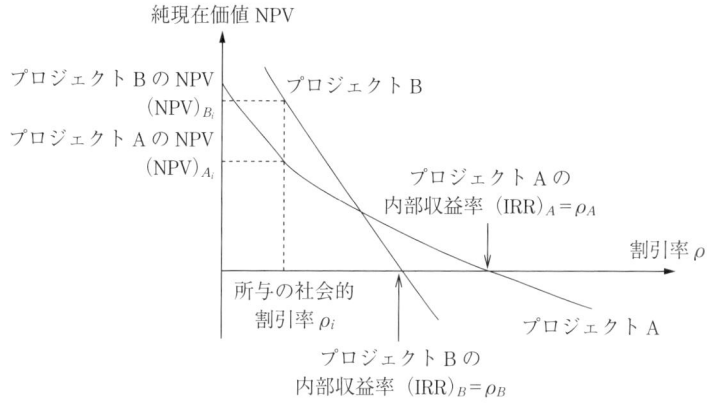

**図2.3** 所与の割引率 $\rho$ を考慮した純現在価値 NPV と内部収益率 IRR の関係

上記の意思決定の判断指標のうち，**図2.4**に示す投資家に対して実施した意思決定の判断指標として何を用いるかというアンケート結果[2]では，内部収益率 IRR，純現在価値 NPV の順で使用されていることが報告されている。

なお，上記の判断指標を用いてプロジェクトの採択をする場合において，純現在価値 NPV を用いる際には，所与の割引率を設定して算定したの値が正の

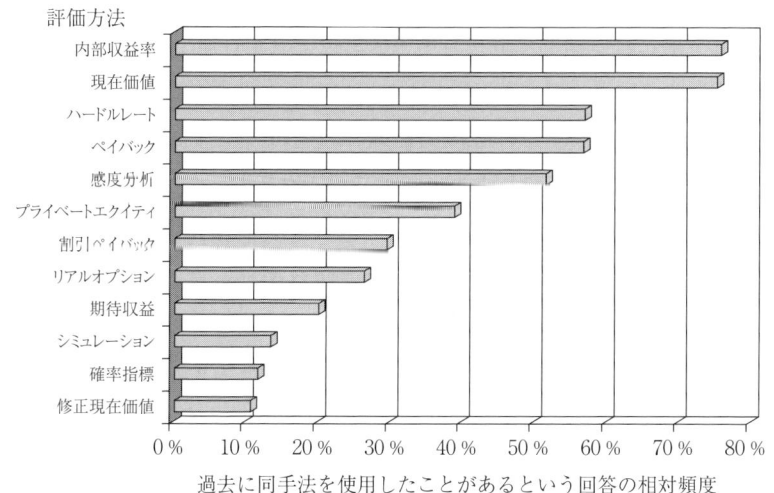

**図2.4** 意思決定の判断指標に関するアンケート結果[2]

値であればプロジェクトは採択に値すると容易に判定される．これに対して，内部収益率 IRR を用いる際には，どのような値をプロジェクト採択に関する判定基準とするかは必ずしも明確にはされていない．しかし，一つの目安となるのは，表 1.1 に示した各国における社会的割引率である．すなわち，日本であれば社会的割引率が 0.04（4 %）であるため，これをプロジェクトの内部収益率 IRR が上回れば採択するに値することになる．一方，途上国を対象とした場合には，カントリーリスクに対するリスクプレミアムを考慮して，社会的割引率 0.12（12 %）を上回ることがプロジェクトを採択する基準の一つとされている．

　なお，2.3 節で解説するように，便益・収益については，プロジェクトの種類によっては，財務的に直接貨幣価値単位で算定可能なものと，社会経済的手法により間接的に貨幣価値単位で算定するものとに区分されることに留意されたい．例えば，建設プロジェクトのうち，交通セクター（有料道路，鉄道等），エネルギーセクター（電力，ガス等）および上下水道セクター等においては，収益は主として利用者による料金収入である．プロジェクトの社会的便益は，プロジェクトの料金収入より必ず大きい．そのため，プロジェクトの社会的便益は，部分的には財務的に直接貨幣価値単位で算定可能である．これに対して，一般道路（国道，地方道等）および河川の治水事業等では，直接財務的なキャッシュフローを産まないため，間接的にその事業により住民・市民が得られる便益を貨幣価値単位で算定することが一般的である．このため，内部収益率 IRR は，その便益・収益の定義から，それぞれ**財務内部収益率**（financial internal rate of return，**FIRR**）と**経済内部収益率**（economic internal rate of return，**EIRR**）に区分される[3]．

　その事例として，政府機関による途上国開発援助（ODA）のうち，円借款事業プロジェクトでの内部収益率 IRR の算定事例を以下に示す．

　円借款事業プロジェクトにおいては，プロジェクトへの融資審査段階での事業の成熟性を判定する指標として内部収益率 IRR が用いられている．さらに，昨今では，そのプロジェクトへの融資終了段階での事後評価においても実績に

## 2.2 費用・便益解析の基本概念

基づく内部収益率 IRR の再計算がなされ，そのプロジェクトの妥当性が評価されることが一般的になってきている。

例えば，**表 2.4** および**表 2.5** に示すデータは，それぞれ**国際協力機構**（Japan International Cooperation Agency, **JICA**）により発表されている円借款案件での内部収益率 IRR の審査時計画・実績の比較結果を示すものである。表 2.4 に示す上水道配水網改善事業[4]では，便益が直接的に金額で計測可能であるため財務内部収益率（FIRR）が，また表 2.5 に示す地方幹線道路網改良事業[5]では，便益が直接的な金額で計測できないため経済的内部収益率（EIRR）が用いられていることに留意されたい。

なお，表 2.4 および表 2.5 に示すような円借款案件での内部収益率 IRR の

表 2.4　FIRR の審査時計画・実績の比較；バンコク上水道配水網改善事業（タイ）[4]

| フェーズ | 計　画 | 実　績 |
|---|---|---|
| 第 4 次事業 | 5.4 % | 12.8 % |
| 第 5 次事業 | 4.7 % | 5.0 % |
| 配水網事業 | 4.5 % | 10.7 % |

表 2.5　EIRR の審査時計画・実績の比較；地方幹線道路網改良事業（タイ）[5]

| 区　間 | 計　画<br>（審査時） | 実　績<br>（事後評価時） |
|---|---|---|
| 〈第 1 期〉 | | |
| バンブン–クレン | 54 % | 51.6 % |
| クラン–トラート | 37 % | 16.3 % |
| プラチュアブキリカン–タサエ | 41 % | 21.8 % |
| パタランクーハ–クーハ | 31 % | 37.4 % |
| チュンポン–ランスアン–チャイヤ | 41 % | 42.7 % |
| 〈第 2 期〉 | | |
| スラタニ–スンソン | 36 % | 31.0 % |
| スンソン–パタルン | 28 % | 28.2 % |
| チャイヤ–フンフィン | 29 % | 60.5 % |
| チャナ–パタニ | 28 % | 33.4 % |

評価結果に興味のある読者は，国際協力機構事業評価年次報告書ホームページ[6]を参照されたい。

## 2.3 便益評価に関する基本概念

費用・便益解析の基本概念は，本来財務的な投資判断に用いられる**割引キャッシュフロー**（discounted cash flow，**DCF**）モデルを援用したものと位置づけられる。したがって，社会性の高い建設プロジェクトを対象として費用・便益解析を行うためには，財務的な観点からの費用・便益に加えて，社会経済的な観点からの費用・便益評価が必要となる。

この便益に関して，財務的な観点に加えて社会経済的な観点から評価するためには，図2.5に模式的に示す便益に関する3層構造を考慮することが必要となる。すなわち，図に示すように，便益を享受する対象は，以下の3レベルに分類される[7]。

① 企業／事業者レベル
② 消費者／利用者レベル
③ 社会レベル

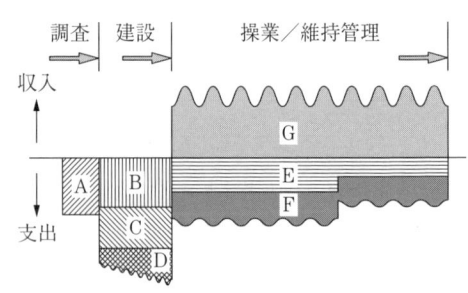

（a） 費用・便益の3層構造　　　（b） 建設プロジェクトライフ

A：開発・調査・設計費用　　　E：OM費用-定額分
B：機器購入据付費用-定額分　　F：OM費用-変動額分
C：土木工事費用-定額分　　　　G：料金収入
D：土木工事費用-変動額分

**図2.5** 企業／事業者レベルの費用・便益[8]

このうち，①の企業／事業者レベルでの費用・便益分析は，財務的な投資判断に用いられる DCF モデルと同様に，実際に発生する料金収入のキャッシュフローを検討するものである。これに対して，②の消費者／利用者レベルおよび③の社会レベルでの費用・便益分析は，その便益が直接キャッシュフローとしては算定されないが，仮想的に発生する便益を貨幣価値として表現するし，検討するものである。中でも，②の消費者／利用者レベルの検討に関しては，近年道路建設における利用者便益の算定手法が一般的に適用されるようになっている。また，③の社会レベルの検討に関しては，建設段階から操業段階における $CO_2$，$SO_x$ 等の排出による環境負荷を考慮した検討が，近年注目されつつある。

上記の便益の3層構造に関する基本的な考え方について，以下に解説を加える。

ここで，新規建設構造物として交通セクター（自動車道路・公共鉄道）のインフラ建設プロジェクトを対象とした場合を考えよう。3層構造の各層に対応する代表的な便益としては，主として以下のような事項が挙げられる。

① 企業／事業者レベルでの便益（料金収入）
② 消費者／利用者レベルでの便益
　・走行経費削減便益
　・走行時間短縮便益
　・交通事故減少便益
③ 社会レベルでの便益（環境便益）
　・温室効果ガス削減
　・大気汚染軽減
　・騒音減少

まず，交通セクターを対象とした場合のプロジェクトライフでの企業／事業者レベルでの便益として計上されるものは料金収入である。この便益は，具体的な貨幣価値として直接評価される。このため，企業／事業者レベルで評価される内部収益率 IRR は，財務的な数値として算定されることから，財務的内

部収益率と称されるものとなる。なお，交通セクターでの供用後の利用者数は，計画段階で正確な予測を行うことが困難であり，事業性を評価する上での重大なリスク要因となる。また，途上国において地下鉄を含む新交通システムを導入する場合には，7.3.3項で述べるように，先進国とは異なり，供用当初は利便性に関する認知度が低いため利用者が少なく，その後，認知度の高まりとともに利用者が増加することが想定される（図7.12参照）。このため，供用後の利用者数の推定においては，多様な要因を総合的に勘案することが必要となる。

つぎに，消費者／利用者レベルおよび社会レベルでの費用・便益は，以下のように表される。まず，消費者／利用者レベルでの費用・便益は，以下のように表される。すなわち，消費者／利用者が負担する費用は，有料道路の料金であり，図2.5のGに示す事業者の料金収入と等価なものである。一方，消費者／利用者が享受する便益は，図2.5に示す一般道路に代わり有料道路を利用することによる走行経費削減効果，走行時間短縮効果および交通事故減少効果に起因するものである。この効果は，直接的に貨幣価値として現れるものではないが，既往の研究により示されている種々の自動車走行に関する原単位に基づき貨幣単位で算定される。

ここで，図2.5の費用・便益の3層構造図で示したように，消費者／利用者レベルでの費用・便益が企業／事業者レベルでの費用・便益を内包することから，消費者／利用者レベルでの費用・便益解析は，2層の和として算定される。ここで留意すべきことは，消費者／利用者が負担する費用と事業者の料金収入は相殺されることである。したがって，消費者／利用者レベルでの費用・便益解析での費用は土木工事費，オペレーション・維持補修費であり，便益は有料道路を利用することによる走行経費削減効果および走行時間短縮効果である。これらの事項に対して，純現在価値 NPV，費用便益比 $B/C$ および内部収益率 IRR 等の判断指標が算定される。

ただしこの際には，算定される便益は財務的に計上されるものではなく，社会経済的な便益である。このため，消費者／利用者レベルで評価される内部収

益率 IRR は，経済的内部収益率と称されるものとなる。

つぎに，社会レベルでの費用・便益としてはさまざまな事項が想定されるが，ここでは温室効果ガスによる環境負荷のみを想定する。この仮定条件での社会レベルでの費用・便益は，以下のように定義される[7]（**図 2.6** 参照）。なお本章では，内容の見通しをよくするため，便益に加えて費用についても解説を加える。

① 費用
　・道路／トンネル等の建設時の環境負荷
　・付帯施設電力発電による環境負荷

② 便益
　・操業に伴う環境負荷改善効果（排出量（$CO_2$，$NO_x$，$SO_x$ 等）・騒音等）

上記の環境負荷に関する各項目については，近年種々の項目に関する原単位に基づき貨幣単位で算定される。

図 2.6 に示すように，社会レベルでの便益に相当する環境改善便益は，有料道路が整備されることによる自動車の走行性改善により走行経費減少・走行時

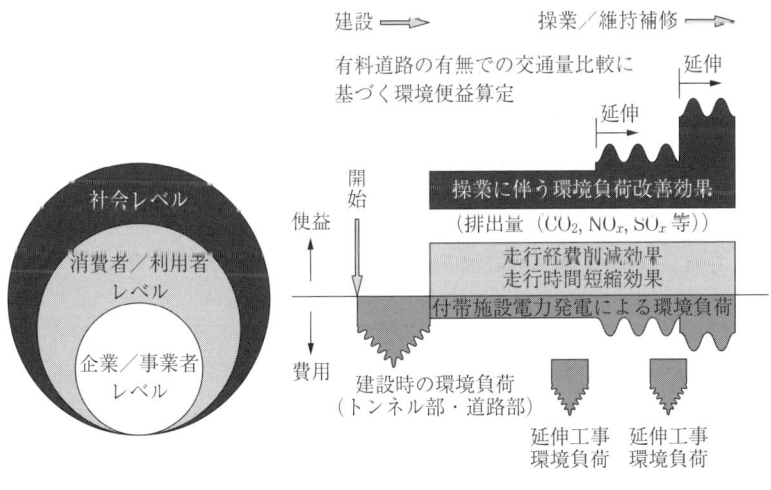

（a）費用・便益の 3 層構造　　　（b）プロジェクトライフ

**図 2.6** 消費者／利用者レベルおよび社会レベルでの費用・便益[8]

間短縮便益が図られることにより，温室効果ガス（$CO_2$, $NO_x$, $SO_x$ 等）の排出量が削減されることに起因するものである．また，地下鉄を含む新交通システム等の公共交通機関の導入時にも，従来，都市内移動に自動車を利用していた住民が，自動車に代わり公共交通を利用することで，自動車の走行性改善により走行経費削減・走行時間短縮便益が図られることにより，温室効果ガスの排出量が削減されることになる．

ただし，この環境負荷改善効果が得られる一方で，図 2.6 に示すように，道路／トンネル等の建設段階で環境負荷となる温室効果ガスが排出されるとともに，付帯施設への電力発電によっても温室効果ガスが排出されることになる．

なお，この温室効果ガスの排出量に関する評価方法としては，構造物単位で算定する積み上げ法と，材料・機械単位で産業連関表に基づき算定される排出係数を用いる方法が代表的な方法として挙げられる．さらに，算定された温室効果ガスの排出量に対して，$CO_2$, $NO_x$, $SO_x$ 等の温室効果ガスごとの単価を掛けることにより，環境負荷および便益が貨幣価値として算定される．

ただし，積み上げ法および産業連関表に基づく方法のいずれについても，地域ごとおよび対象とする国ごとに，その算定に用いられる原単位が変化するため，統一的な算定手法が確立していないのが現状である．また，$CO_2$, $NO_x$, $SO_x$ 等の温室効果ガスごとの単価についても，幅のある値として設定されているのが現状である．

しかし，昨今の温室効果ガス削減に関する意識の高まりから，今後このような環境負荷および便益の評価手法の整備・統一が期待される．

## 2.4　便益の算定事例

2.3 節に示した 3 層構造の各種便益のうち，本節では消費者／利用者レベルでの便益である走行経費削減・走行時間短縮便益[8]，および社会レベルでの建設段階で排出される温暖化ガスの環境負荷の算定事例について示す．

## 2.4.1 走行経費削減・走行時間短縮便益

走行経費減少便益・走行時間短縮便益は，新たに有料道路が整備されることによる自動車の走行性改善（走行費用・時間費用）により，利用者が得られる便益であり，走行経費減少便益 $B^e$ と走行時間短縮便益 $B^t$ の和として表される。

走行経費減少便益 $B^e$ と走行時間短縮便益 $B^t$ を算定する上で必要となる情報，およびその情報を収集する上での準拠資料との関係を，**表2.6**に要約して示す。

**表2.6　迂回走行・時間損失の算定に用いる情報およびその準拠資料**

| 損失の種類 | 必要となる情報 | 準拠資料 |
|---|---|---|
| 走行費用便益 $B^e$ | 車種 $m$ の迂回路における走行費用原単位 $B_m^d$ | 道路投資の評価に関する指針（案）（表2.8参照） |
| | 車種 $m$ の現道路における走行費用原単位 $B_m^o$ | 道路投資の評価に関する指針（案）（表2.8参照） |
| | 迂回路の走行距離 $L^d$ | 道路交通センサス（移動時間の記載された道路時刻表も利用可） |
| | 現道路の走行距離 $L^o$ | 道路交通センサス（移動時間の記載された道路時刻表も利用可） |
| | 車種 $m$ の日通行台数 $N_m$ | 道路交通センサス |
| 時間費用便益 $B^t$ | 車種 $m$ の時間価値原単位 $A_m$ | 道路投資の評価に関する指針（案）（表2.9参照） |
| | 車種 $m$ の日通行台数 $N_m$ | 道路交通センサス |
| | 迂回路の走行速度 $v_d$ | 道路交通センサス（移動時間の記載された道路時刻表も利用可） |
| | 現道路の走行速度 $v_o$ | 道路交通センサス（移動時間の記載された道路時刻表も利用可） |
| | 迂回路の走行距離 $L^d$ | 道路交通センサス（道路時刻表，道路地図なども利用可） |
| | 現道路の走行距離 $L^o$ | 道路交通センサス（道路時刻表，道路地図なども利用可） |

① 走行経費削減便益

走行経費削減便益 $B^e$ は，次式により算定される。

$$B^e = \sum_m N_m \left( B_m^o \times L^o - B_m^n \times L^n \right) \tag{2.4}$$

ここに，$N_m$ は車種 $m$ の日通行台数〔台〕，$B_m^n$ は車種 $m$ の新設道路における走行費用原単位〔円/台・km〕，$B_m^o$ は車種 $m$ の現道路における走行費用原単位〔円/台・km〕，$L^n$ は新設道路の走行距離〔km〕，$L^o$ は現道路の走行距離〔km〕を表す。

ここで，式 (2.4) に含まれる車種 $m$ の区分は，「交通センサス」と「道路の評価に関する指針（案）」に用いられている車種区分が異なるため，これらの資料を用いる場合は，表 2.7 の車種区分に対応させることができるとされている。

表 2.7　車種区分の対応

| 区　分 | 道路投資の評価に関する指針（案） | 道路交通センサス |
|---|---|---|
| 乗用車類 | 乗用車 | 軽乗用車 |
| | | 乗用車 |
| | バス | バス |
| 貨物車類 | 小型貨物車 | 軽貨物車 |
| | | 小型貨物車 |
| | | 貨客車 |
| | 普通貨物車 | 普通貨物車 |
| | | 特殊車両 |

また，表 2.6 の車種区分に基づく，車種 $m$ ごとの走行費用原単位を表 2.8 に示す。

② 走行時間短縮便益

走行時間短縮便益 $B^t$ は，次式により算定される。

$$B^t = \sum_m \left( A_m \times N_m \times \Delta T \right) \tag{2.5}$$

$$\Delta T = \frac{L^o}{v^o} - \frac{L^n}{v^n} \tag{2.6}$$

ここに，$A_m$ は車種 $m$ の時間価値原単位〔円/台・分〕，$\Delta T$ は短縮時間〔分〕，$v^d$ は新設道路の走行速度〔km/分〕，$v^o$ は現道路の走行速度〔km/分〕を表す。

## 2.4 便益の算定事例

**表 2.8** 走行費用原単位[8]

| 一般道路（市街地） | | | | | | 一般道路（平地） | | | | | |
|---|---|---|---|---|---|---|---|---|---|---|---|
| 速度 〔km/h〕 | 乗用車類 | | | 小型貨物車 | 普通貨物車 | 速度 〔km/h〕 | 乗用車類 | | | 小型貨物車 | 普通貨物車 |
| | 乗用車 | バス | | | | | 乗用車 | バス | | | |
| 10 | 27 | 81 | 28 | 42 | 55 | 10 | 19 | 56 | 20 | 27 | 38 |
| 20 | 20 | 71 | 21 | 35 | 43 | 20 | 14 | 49 | 15 | 22 | 30 |
| 30 | 17 | 67 | 18 | 32 | 39 | 30 | 12 | 46 | 13 | 21 | 27 |
| 40 | 16 | 66 | 18 | 31 | 38 | 40 | 11 | 45 | 12 | 20 | 26 |
| 50 | 16 | 66 | 18 | 32 | 38 | 50 | 11 | 44 | 12 | 20 | 26 |
| 60 | 17 | 66 | 18 | 33 | 39 | 60 | 11 | 45 | 12 | 21 | 26 |

| 一般道路（山地） | | | | | | 高規格・地域高規格道路 | | | | | |
|---|---|---|---|---|---|---|---|---|---|---|---|
| 速度 〔km/h〕 | 乗用車類 | | | 小型貨物車 | 普通貨物車 | 速度 〔km/h〕 | 乗用車類 | | | 小型貨物車 | 普通貨物車 |
| | 乗用車 | バス | | | | | 乗用車 | バス | | | |
| 10 | 18 | 52 | 18 | 25 | 35 | 30 | 8 | 30 | 8 | 12 | 18 |
| 20 | 13 | 45 | 14 | 20 | 28 | 40 | 7 | 29 | 8 | 12 | 17 |
| 30 | 11 | 43 | 12 | 19 | 25 | 50 | 7 | 29 | 8 | 12 | 16 |
| 40 | 10 | 41 | 11 | 19 | 24 | 60 | 7 | 28 | 7 | 12 | 16 |
| 50 | 10 | 41 | 11 | 19 | 24 | 70 | 7 | 29 | 8 | 12 | 16 |
| 60 | 10 | 41 | 11 | 19 | 24 | 80 | 7 | 30 | 8 | 13 | 18 |
| | | | | | | 90 | 8 | 31 | 9 | 14 | 19 |

単位：〔円/台・分〕

式 (2.5) に含まれる車種 $m$ ごとの時間価値原単位を**表 2.9** に示す。

なお，式 (2.5) に含まれる車種 $m$ の時間価値原単位は，表 2.9 のように平日と休日で異なることから，次式の乗用車での算定事例に示すように，休日交通量と平日交通量により重みづけした加重平均を用いることが

**表 2.9** 時間価値原単位[8]

| 車種区分 | | 時間価値原単位〔円/台・分〕 | |
|---|---|---|---|
| | | 平 日 | 休 日 |
| 乗用車類 | 乗用車 | 56 | 84 |
| | バ ス | 496 | 744 |
| | | 67 | 101 |
| 小型貨物車 | | 90 | 90 |
| 普通貨物車 | | 101 | 101 |

一般的である。

$$A_m^* = \frac{2\times (T_V)_H \times 84 + 5\times (T_V)_W \times 56}{2\times (T_V)_H + 5\times (T_V)_W} \quad (2.7)$$

ここに，$A_m^*$ は乗用車の平均時間原単価〔円/台・分〕，$(T_V)_H$ は乗用車の休日交通量〔台/日〕，$(T_V)_W$ は乗用車の平日交通量〔台/日〕を表す。

つぎに，上記の手順に基づく計算事例を示す。

### 例題 2.2

以下の条件での走行経費減少便益 $B^e$ および走行時間短縮便益 $B^t$ を算定せよ。
- 現道路：(一般道路（山地）)：走行速度 60 km/h，走行距離 19.3 km
- 新設道路（高規格道路）：走行速度 90 km/h，走行距離 15.6 km

### 解答

走行経費減少便益 $B^e$ は，表 2.10 のように算定される。
走行時間短縮便益 $B^t$ は，表 2.11 のように算定される。
ここに

$$短縮時間：\Delta T = \frac{L^o}{v^o} - \frac{L^d}{v^d} = \left(\frac{19.3}{60} - \frac{15.6}{90}\right)\times 60 = 8.9 \text{分}$$

である。

表 2.10　走行経費削減便益

| 区 分 | 現 道 | | 新設道路 | | 日交通量 $N_m$〔台/日〕 | 走行経費削減便益 $B^e$〔千円〕 |
|---|---|---|---|---|---|---|
| | 走行費用原単価 $B_m^o$〔円/台・km〕 | 走行距離 $l^o$〔km〕 | 走行費用原単価 $B_m^n$〔円/台・km〕 | 走行距離 $l^n$〔km〕 | | |
| 乗用車 | 10 | 19.3 | 8 | 15.6 | 2 274 | 155 |
| バス | 41 | 19.3 | 31 | 15.6 | 74 | 23 |
| 小型貨物車 | 19 | 19.3 | 14 | 15.6 | 983 | 146 |
| 普通貨物車 | 24 | 19.3 | 19 | 15.6 | 1 263 | 211 |
| 備 考 | 60 km/h 一般道路（山地） | | 90 km/h 高規格道路 | | | 534 |

表 2.11 走行時間短縮便益

| | 時間価値<br>原単位 $A_m$<br>〔円/台·分〕 | 日交通量<br>$N_m$<br>〔台/日〕 | 短縮時間<br>$\Delta T$<br>〔分〕 | 走行時間短縮便益<br>$A_m \times N_m \times \Delta T$<br>$B'$〔千円〕 |
|---|---|---|---|---|
| 乗用車 | 56 | 2 274 | 8.9 | 1 133 |
| バ ス | 497 | 74 | 8.9 | 327 |
| 小型貨物車 | 90 | 983 | 8.9 | 787 |
| 普通貨物車 | 101 | 1 263 | 8.9 | 1 135 |
| 備 考 | 平日交通量 | | | 3 383 |

## 2.4.2 建設段階で排出される温暖化ガスの環境負荷

ここでは,建設段階で排出される温暖化ガスの環境負荷の評価事例として,積み上げ法[9]に基づくバンコク地下鉄[10]〜[12]を取り上げる.

積み上げ法での鉄道関連施設の標準 $CO_2$ 排出量原単位は,表 2.12 に示すように構造物単位で設定される.

表 2.12 鉄道関連施設の標準 $CO_2$ 排出量原単位(積み上げ法)

| インフラ本体構造(建設時) | |
|---|---|
| シールドトンネル | 2.41 t-C/m* |
| 開削トンネル | 4.48 t-C/m |
| 盛土 | 1.77 t-C/m |
| 切土 | 0.88 t-C/m |
| インフラ付帯構造(建設時) | |
| スラブ軌道 | 77.9 kg-C/m* |
| バラスト軌道 | 87.8 kg-C/m |
| 高架駅 | 1 040 t-C/駅 |
| 地下駅 | 8 490 t-C/駅 |
| 車両基地 | 1 670 t-C/箇所 |
| 走 行 | |
| 電車電力 | 0.31 kg-C/車両·km |
| 付帯施設電力 | 0.21 kg-C/車両·km |

\* t-C および kg-C は,排出ガスの重量を,単位重量(〔t〕(トン)および〔kg〕)の炭素(C)からできる排出ガスの換算重量を1として表した単位である.

以下に，バンコク地下鉄の計算条件を示す。

- シールドトンネル（18 km×2 本）
- 駅部（開削トンネル 2 km，地下駅；18 か所）
- スラブ軌道（20 km×2 本）
- 車両基地（1 か所）

この条件の下で，6 年間の建設期間の総量となる温室効果ガスの排出量（$CO_2$ 換算）は，合計約 25 万 t（トン）と算定される。

ここで，既往の出典による $CO_2$ の換算コストは，以下に示すように出典ごとに異なり，約 1 〜 17 円/kg と幅のある値になっている[12]。

- 既往の研究：0.8 〜 17 円/kg（1 ドル 115 円換算）
- 日本の企業：1 kg 当り 0.7 〜 13 円/kg
- 京都議定書発行前のシミュレーション結果：5 円/kg
- その他書籍：2.3 円/kg

上記のコストの幅を考慮した場合，バンコク地下鉄建設段階で排出される温暖化ガスの環境負荷コストは 2.5 〜 42.5 億円と算定される。

ただし，表 2.12 に示した積み上げ法での鉄道関連施設の標準 $CO_2$ 排出量原単位は，日本での実績に基づくものであることに留意されたい。

### 演 習 問 題

〔2.1〕 鉄道建設プロジェクトにおいて，在来手法を適用した場合（case 1）と新手法を適用した場合（case 2）に，それぞれの解析条件（費用・工期，便益）が，以下のように与えられたとする。

① 費用 $C$

各手法（case）での費用および工期は，**表 2.13** のように与えられる。

② 便益 $B$

完成後の便益 $B$ は，毎年 750 百万円（一定値）とする。

これらの条件で，社会的割引率 $i$ を 0.04（日本に相当），プロジェクトの想定期間を 50 年とした場合に，各建設工法（case）での純現在価値 NPV，費用便益費 $B/C$ および内部収益率 IRR を算定せよ。その結果より，費用・便益の観点からいずれの

表2.13 各手法(case)での解析条件
(費用・工期)

| $t$ [年] | $C_t$ (case 1) | $C_t$ (case 2) |
|---|---|---|
| 1 | 300 | 12 000 |
| 2 | 1 500 | 600(設備費) |
| 3 | 2 400 | – |
| 4 | 1 500 | – |
| 5 | 300 | – |
| 6 | 600(設備費) | – |

単位：百万円

建設工法を採択すべきか考察せよ。

〔**2.2**〕 問題〔2.1〕に示した鉄道建設プロジェクトが，開発途上国で実施されるものとする。この場合に，各建設工法(case)での純現在価値 NPV を算定し，そのプロジェクトの採択に関する意思決定の指標がどのように変化するかについて考察せよ。

〔**2.3**〕 問題〔2.1〕に示した鉄道建設プロジェクトが，民間資本によって実施されるとする。この場合，問題〔2.1〕で算定した費用・便益解析結果に対して，新たに考慮すべき事項を想定するとともに，その場合にはプロジェクト実施に関する意思決定がどのように変化する可能性があるかについて考察せよ。

〔**2.4**〕 図2.5に示す費用・便益の3層構造のうち，温室効果ガス削減のほかに，社会レベルの便益と解釈されるものを挙げるとともに，その便益が計量化可能か否かについて考察せよ。

〔**2.5**〕 昨今，地下鉄整備あるいはバイパス道路建設に伴う温室効果ガス削減による環境に関する便益評価の重要性が注目されている。ただし，この便益に関して，先進国と途上国ではどのような相違があると想定されるかについて考察せよ。

# 3章 プロジェクトマネジメントのコスト評価

### ◆本章のテーマ

　本章では，プロジェクトを実施するか否かの意思決定指標である費用・便益解析において，便益と同等に重要な項目となるプロジェクトコスト（project cost）について取り上げ，その評価に関する基本概念について解説を加える。ただし，一般的には，プロジェクトコストを構成する各種費用の推定方法は，民間レベルであれば各社固有の実績およびノウハウの蓄積であり，極秘情報であることが一般的である。このため，プロジェクトコストは観察不可能である。このため，本章では，具体的コストの評価事例を示すために，土木工事積算基準を用いて，建設コストを積算する基本的な考え方について解説するとともに，簡単な事例を対象とした積算結果についても示すものとする。

### ◆本章の構成（キーワード）

3.1　概　説
　　　費用・便益解析，建設コスト，建設プロジェクト
3.2　プロジェクトコストの基本概念
　　　調達，人件費，材料費，機材費
3.3　日本の公共工事における建設コスト積算方法
　　　積算マニュアル，歩掛（ぶがかり），直接工事費

### ◆本章を学ぶと以下の内容をマスターできます

- ☞　プロジェクトコストの基本概念
- ☞　土木工事積算基準を用いた建設コストの積算方法

## 3.1 概　　　説

本章では，2章で述べたプロジェクトを実施するか否かの意思決定指標である費用・便益解析において，便益と同等に重要な項目となるプロジェクトコストを取り上げ，その評価の基本概念を示すとともに，具体的な事例として建設プロジェクトを対象したコストの評価方法について解説を加える。

## 3.2 プロジェクトコストの基本概念

1章において図1.1および図1.2を用いて解説したように，プロジェクトコストは，一般には以下の各コストから構成される[1]。

① 調査段階

　調査・開発費用

② 建設段階

　機器購入据付費用

　建設費用

③ 操業／維持管理段階

　操業費用

　維持管理費用

上記の各費用項目のうち，事業者が民間である場合のみ，操業費用の中でプロジェクト実施のための借入金に対する負担金利が発生するが，その他のプロジェクトの実施に伴う各段階ごとでのコスト $C_i$ は，いずれも以下に示すような人件費 $M_1$，材料費 $M_2$ および機材費 $M_3$ の3種類の費用を変数とする関数 $f$ として表現される（式(1.1)参照）。

$$C_i = f(M_1, M_2, M_3) \tag{3.1}$$

したがって，プロジェクトの実施に伴う総コスト $C$（本質的にはライフサイクルコストと等価）の低減を図る上では，生産性の向上と人件費 $M_1$ の低減に

加えて，適切な**調達**（procurement）により材料費 $M_2$ および機材費 $M_3$ の低減を図ることが必要となる。

ただし，プロジェクトの総コスト $C$ については，プロジェクトライフ全体の費用・便益および実行可能性等を総合的に考慮して判断されるものであり，建設費用あるいは維持管理費用の最小化という部分最適の議論のみでは不十分であることに留意されたい。

例えば，1章の例題1.2の鉄道建設プロジェクトの事例で示したように，在来工法を用いる場合は，TBMを用いる場合に比べて，人件費 $M_1$ は大きくなる一方，TBMを用いる場合の機材費 $M_3$ は在来工法を用いる場合に比べ大きくなる。その一方で，建設工期では，TBMを用いる場合のほうが，一般的には在来工法を用いる場合に比べて大幅な工期短縮が図られる。このため，TBMを用いる場合のほうが，早期に便益が得られるとともに，民間プロジェクトの場合には金利負担が軽減されることになり，建設費用が最小でなくともその工法が採択される可能性がある。

また，維持管理費用においては，以下のような議論が可能となる。

昨今，インフラ構造物の維持管理に関して，**アセットマネジメント**（asset management）の観点からの議論が世界中で活発化している。この課題に対して，欧米型アセットマネジメントとアジア型アセットマネジメントの相違について以下に解説する。

構造物の劣化過程と維持補修の基本概念は，**図3.1**の模式図のように要約される。すなわち，ある点検間隔で構造物を点検した結果において性能指標が限界レベルを下回った場合に，構造物の性能は回復レベルまで回復が図られる。ただし，ここで留意すべきことは，維持補修に特化したライフサイクルコスト（点検費用および維持補修費用の和）の最適解は，一意的に得られないということである。つまり，図3.1に示す三つの判断事項である点検間隔・限界レベル・回復レベルのいずれかを固定した条件下でのみ，それぞれに対応する最適解が得られることとなる。例えば，点検間隔を短く設定した場合には構造物の性能低下を早く察知することが可能となるため，限界レベルは比較的低いレベ

## 3.2 プロジェクトコストの基本概念

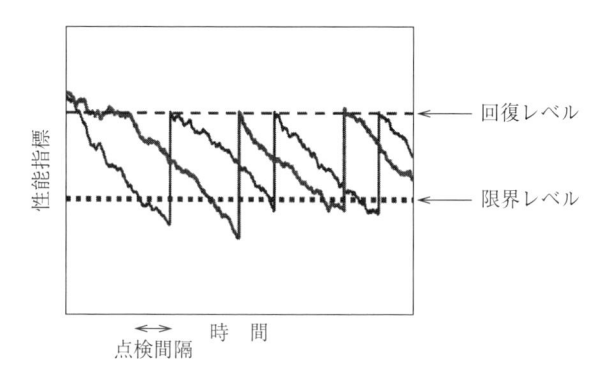

**図3.1** 構造物の劣化過程と維持補修（模式図）

ルに設定することが可能となる．一方，点検間隔を長く設定した場合には構造物の性能低下が適切に察知できない危険性があるため，限界レベルは比較的高いレベルに設定せざるを得なくなる．ここで，点検間隔の長短は，直接点検回数に連動するため，点検費用の大きさに関連してくる．

この関係について，欧米型アセットマネジメントとアジア型アセットマネジメントの相違に関連づけると，以下のような解釈が成り立つ．

まず，欧米諸国とアジア諸国との人口構成の違いは，以下のように要約されるであろう．

・欧米諸国：少子高齢化社会（人件費 $M_1$ が高い）
・アジア諸国：労働集約社会（人件費 $M_1$ が安い）

したがって，アジア諸国においては，安い人件費 $M_1$ を活用することで，容易に点検間隔を短縮し点検回数を増やすことが可能となるため，限界レベルは比較的低いレベルに設定する方策を選定することが可能となる．これに対して，欧米諸国では人件費 $M_1$ が高いことから，できるだけ点検間隔を長くし回数を減らさざるを得ないため，限界レベルは比較的高いレベルに設定することになる．しかし，この場合には，構造物の性能低下が適切に察知できない危険性があるため，併せてIT技術あるいはセンサー技術を活用した原位置モニタリング技術を開発するというインセンティブが生まれる可能性がある．つまり，人件費 $M_1$ の高騰に対して，機材費 $M_3$ に投資することで，最適な維持補

修計画を立案することになる。

なお，現状で日本は少子高齢化社会が到来しつつあるため，人口構成としては欧米諸国型に近い将来なることが確実である。こうした状況下で，維持補修に関しては，従来のアジア諸国型の安い人件費 $M_1$ を活用した労働集約的対応から，欧米諸国型の IT 技術あるいはセンサー技術を活用する機材費 $M_3$ に投資するという方策に転嫁することが重要な課題になると推察される。

上記のように，プロジェクトコストを評価する上では，多様な要素を考慮することが重要であることを解説した。

ここで，建設プロジェクトあるいはエンジニアリングプロジェクトの費用・便益解析に関する近年の研究動向について概観する。まず，便益の評価に関する数学モデルの開発については研究成果が報告されつつある[2),3)]。これに対して，コストの評価については必ずしも十分な検討事例の報告がなされているとはいえないのが現状である。つまり，2章に述べたような純現在価値 NPV あるいは費用便益比 $B/C$ という意思決定の判断指標が，それぞれ便益 $B$ および費用 $C$ の差あるいは比として算定されることから，本来便益 $B$ とコスト $C$ の算定精度は同レベルであることが不可欠である。したがって，コスト $C$ についても，便益 $B$ と同様に数学モデルの開発が必要である。

上述のプロジェクトコストの評価について十分な検討事例が報告されていない理由は，以下のように考察される。本来，プロジェクトコストを構成する各種費用の推定方法は，民間レベルであれば各社固有の実績およびノウハウの蓄積であり，極秘情報であることが一般的である。このため，プロジェクトの入札段階では，契約形態によるが，外部から観察可能となるのは，プロジェクトコストの総額，あるいは各工種の単価のみである。したがって，実際には，**表 3.1** に示すアジア地域における**大量輸送交通網**（mass transit）整備プロジェクトでの 1m 当りのコスト比較のように，類似プロジェクトでのある単位（表 3.1 では 1m 当りのコスト）で正規化したコストでの比較によらざるを得ない[4)]。

こうした状況の中で，唯一例外的なものと考えられるのが，日本の公共工事

表3.1　アジア地域における大量輸送交通網整備事業のコスト比較[4]

| 事業名 | 事業費〔万円/m〕(用地取得費を除く) |
|---|---|
| バンコク地下鉄（20.0 km, 18駅, 2002年） | 1 538 |
| バンコク BTS（23.0 km, 26駅, 1998年） | 584 |
| 北京地下鉄（11 km, 9駅, 1998年） | 525 |
| デリー地下鉄（11 km, 9駅, 2005年） | 909 |
| マニラ LRT（12 km, 12駅, 1999年） | 460 |
| ラホール高架鉄道（13 km, 14駅, 2001年） | 270 |
| 〈参　考〉 | |
| 地下鉄有楽町線（29.4 km, 24駅, 1988年） | 1 734 |
| 地下鉄半蔵門線（16.9 km, 10駅, 1990年） | 2 814 |
| 地下鉄南北線（21.4 km, 6駅, 1991年） | 2 189 |

において適用される建設コストに関する土木工事積算基準である．同基準は，過去の公共工事での実績から，代表的な工種に対して，歩掛と呼ばれる人件費 $M_1$，材料費 $M_2$ および機材費 $M_3$ の3種類の費用を変数とする関数 $f$ に相当する値を標準化して与えるものである．

本章では以下に，この土木工事積算基準を用いて建設コストを積算する際の基本的な考え方について解説するとともに，簡単な事例を対象とした積算事例を示すこととする．

## 3.3　日本の公共工事における建設コスト積算方法

### 3.3.1　積　算　体　系

一般的な請負土木工事の積算基準[5]に定められている工事価格は，図3.2に示すように，工事原価および一般管理費等の2項目の和として算定される．

このうち，工事原価は，直接工事費および間接工事費の2項目の和となるもので，工事現場で必要となるすべての費用を表すものである．これに対して，一般管理費等は，請負業者がそのプロジェクトを実施する上で本店・支店を運営するのに必要となる経費に相当するものであり，一般的には工事原価に所定

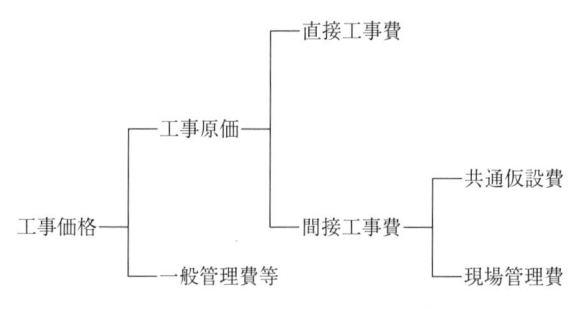

```
                    ┌── 直接工事費
          ┌── 工事原価 ──┤
          │         │        ┌── 共通仮設費
工事価格 ──┤         └── 間接工事費 ──┤
          │                  └── 現場管理費
          └── 一般管理費等
```

**図 3.2** 請負土木工事費の構成[5]

の率を乗じて算定される。このため，後述する契約に基づく設計変更の際には，直接工事費の増減に応じて変動する。

直接工事費は，直接工事に投入される費用の総和となるものであり，**図 3.3**に示すように，材料費，労務費および直接経費の3項目からなる。このうち，直接経費は，図 3.3 に示す3種類の費用項目の和となるものであり，工種にもよるが，一般的には機械経費が大部分を占めることが多い。

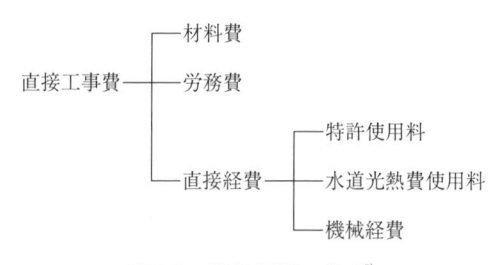

```
              ┌── 材料費
              │
直接工事費 ──┤── 労務費
              │          ┌── 特許使用料
              └── 直接経費 ──┤── 水道光熱費使用料
                         └── 機械経費
```

**図 3.3** 直接工事費の構成[5]

つぎに，間接工事費は，直接工事費のように特定の工種に対する費用を表すものではなく，工事全体を通して共通的に使用・発生する経費として，工事全体を一括的にとらえて積算されるものであり，**図 3.4** に示すように共通仮設費と現場管理費からなる。共通仮設費および現場管理費の内容は，それぞれ以下のように要約される。

① 共通仮設費

   共通仮設費は，図 3.4 に示すように運搬費，準備費，事業損失防止施設

## 3.3 日本の公共工事における建設コスト積算方法

```
                          ┌─ 運搬費
                          ├─ 準備費
                          ├─ 事業損失防止施設費
             ┌─ 共通仮設費 ─┼─ 安全費
             │            ├─ 役務費
 間接工事費 ──┤            ├─ 技術管理費
             │            ├─ 営繕費
             │            └─(イメージアップ経費)
             └─ 現場管理費
```

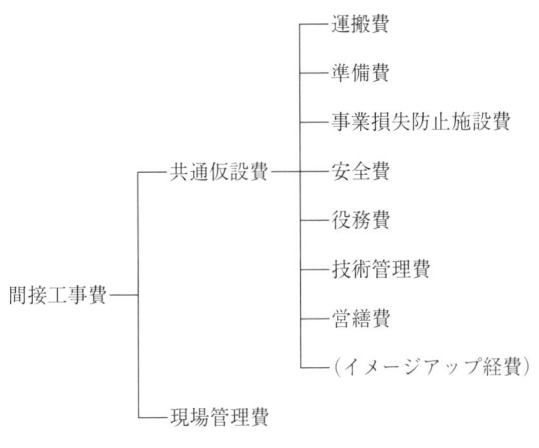

**図 3.4** 間接工事費の構成[5]

費,安全費,役務費,技術管理費,営繕費,イメージアップ経費等からなる。積算としては,積み上げによる額と,工種ごとに求めた対象額に所定の率を乗じて求められる額の合計値となる。

数量としては一式計上されるため,着工後の不具合などによってこれ自体が設計変更されることは基本的にないと考えられる。しかし,直接工事費の増減に連動して増減し,また事業損失防止施設費,安全費などは適切な想定により積み上げられている場合においても,実際の工事コストとしては現場条件に応じて大きく増減する要素となりうる。しかし,実際の積算現場においては事業損失を精度よく予見して対策費を積み上げることは困難と考えられ,発生した障害に対しては対症療法的な対策を増工するなどの対応になっているものと考えられる。

② 現場管理費

現場管理費は,労務者管理費や安全・衛生に関する費用や訓練費用,税,保険,通信費等の現場を運営するための経費のほかに,補償費が含まれる。

本節では,積算の流れを理解するため,以上の費用のうち,工事原価を構成する直接工事費の算定方法,およびその積算事例について解説する。

### 3.3.2 直接工事費の算定方法

直接工事費は，図3.3に示したように，工事目的物に直接投入される材料費，労務費，および機械経費（損料・運転経費）等の経費からなり，発注者から示される設計条件・施工条件に基づき積算されるものである。

直接工事費には，目的物を構築するための直接的な作業の経費に加え，共通仮設工以外の，目的構造物の建設に必要な仮設工が含まれている。仮設工は完成時の検査対象でないため，積算上は一式計上される。しかし，指定仮設の場合はいうまでもなく，また任意仮設であっても発注当初に示された条件が変更された場合は設計変更対象となるため，設計条件が変更になった場合には増減する可能性がある。

ここで，直接工事費を構成する材料費および労務費の積算方法は，以下のように要約される。

まず，材料費 $C_{M1}$ は，次式により算定される。

$$C_{M1} = N_M \times (1+r) \times (C_M + C_T) \tag{3.2}$$

ここに，$N_M$ は設計数量，$r$ は損失等のロス率，$C_M$ は材料の購入単価，$C_T$ は材料の運搬費を表す。

式 (3.2) において，ロス率を考慮した設計数量および購入単価と運搬費の和は，それぞれ所要数量および材料単価と呼ばれる。このように，材料費 $C_{M1}$ は，単純に設計図面から算定される数量に材料の購入単価のみの積とした場合には，過小評価になることに留意されたい。

つぎに，労務費 $C_{M2}$ は次式により算定される。

$$C_{M2} = (N_L \times U_L) \times (C_L + E_L) \tag{3.3}$$

ここに，$N_L$ は設計作業量，$U_L$ は当該作業の歩掛，$C_L$ は基本日額，$E_L$ は割増賃金を表す。

式 (3.3) において，設計作業量と当該作業の歩掛の積，および基本日額と割増賃金の和は，それぞれ所要人員および労務単価と呼ばれる。

式 (3.3) に含まれる各項目のうち，歩掛は，人間または機械の単位当りの作

## 3.3 日本の公共工事における建設コスト積算方法

業に必要な投入量を示すものであり，過去の同様な作業において実際に投入された人間または機械の量を調査することにより設定されるものである。

日本の建設工事においては，各発注機関により工種別に標準的な歩掛が設定されており，その値が工事の参考値として公表されている。

例えば，土木工事積算基準マニュアルにおいては，機械による切土整形の歩掛は，**表3.2**のように示されている。表においては，過去の実勢調査結果に基づき，100 $m^2$ の機械による切土整形において必要となる投入量が，土質条件ごとに与えられている。すなわち，レキ質土の場合に必要な投入量は，世話役0.6人，普通作業員1.4人，およびバックホウ運転が4.0時間と設定されている。

表3.2 機械による切土整形歩掛[5]

(100 $m^2$ 当り)

| 名称 | 規格 | 単位 | 土質 | |
| --- | --- | --- | --- | --- |
| | | | レキ質土・砂および砂質土・粘性土 | 軟岩（1） |
| 世話役 | | 人 | 0.6 | 0.8 |
| 普通作業員 | | 人 | 1.4 | 2.0 |
| バックホウ運転 | （1次）クローラ型（法面バケット付き），山積み0.8 $m^3$（平積み0.6 $m^3$） | h（時間） | 4.0 | 5.0 |

一方，切土整形を人力で実施する場合の歩掛は，**表3.3**のように示されている。表においては，100 $m^2$ の人力切土整形において必要となる投入量が，レキ質土の場合には，世話役0.7人および普通作業員5.9人と設定されている。

ただし，表3.3および**表3.4**に示される歩掛は，あくまで過去の実績調査結果に基づく標準値である。このため，工事条件によっては，標準的歩掛を実勢の数値に補正することで適正な値に近づけることが必要となる。

なお，直接工事費を構成するもう一つの費用である機械経費は，**図3.5**に示すように機械損料および運転経費等からなるが，具体的な算定手順については，3.3.3項の直接経費の算定事例において具体的な事例を用いて解説する。

**表3.3** 人力による切土整形歩掛[5]

(100 m² 当り)

| 名称 | 単位 | 土質 | |
|---|---|---|---|
| | | レキ質土・砂および砂質土・粘性土 | 軟岩1・2 中硬岩 硬岩 |
| 世話役 | 人 | 0.7 | 1.9 |
| 特殊作業員 | 人 | − | 5.1 |
| 普通作業員 | 人 | 5.9 | 6.5 |

**表3.4** 積算事例[5]

| 種別 | 細別 | 規格 | 単位 | 数量 | 単価〔円〕 | 金額〔円〕 | 摘要 |
|---|---|---|---|---|---|---|---|
| 掘削工 | | | 式 | 1 | | 760 540 | |
| | 掘削（土砂）（1） | 平均運搬距離 $l=50$ m | m³ | 1 100 | 246.3 | 270 930 | 第1号単価表 |
| | 掘削（土砂）（2） | 平均運搬距離 $l=150$ m | m³ | 1 100 | 445.1 | 489 610 | 第2号単価表 |
| 路体盛土工 | | | 式 | 1 | | 132 114 | |
| | 路体（使用土）（1） | | m³ | 810 | 136.2 | 110 322 | 第3号単価表 |
| | 路体（使用土）（2） | （作業残土分） | m³ | 160 | 136.2 | 21 792 | 第3号単価表 |
| 路床盛土工 | | | 式 | 1 | | 256 200 | |
| | 路床（使用土） | | m³ | 1 200 | 213.5 | 256 200 | 第4号単価表 |
| 法面整形工 | | | 式 | 1 | | 187 218 | |
| | 法面整形（切土部） | レキ質土 | m³ | 270 | 693.4 | 187 218 | 共通B34号単価表 |
| 残土処理工 | | | 式 | 1 | | 79 794 | |
| | 残土処理 | 平均運搬距離 $l=180$ m | m³ | 180 | 443.3 | 79 794 | 第5号単価表 |

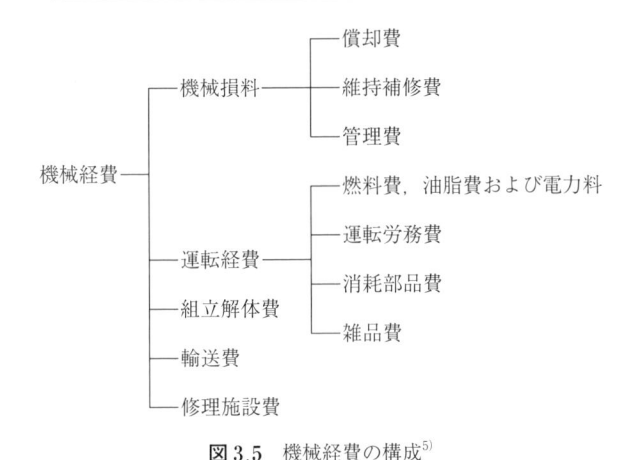

## 3.3 日本の公共工事における建設コスト積算方法

```
機械経費 ─┬─ 機械損料 ─┬─ 償却費
         │             ├─ 維持補修費
         │             └─ 管理費
         ├─ 運転経費 ─┬─ 燃料費，油脂費および電力料
         │             ├─ 運転労務費
         │             ├─ 消耗部品費
         │             └─ 雑品費
         ├─ 組立解体費
         ├─ 輸送費
         └─ 修理施設費
```

**図 3.5** 機械経費の構成[5]

### 3.3.3 直接工事費の積算事例

3.3.2項に示した直接工事費の算定方法をより明確にするために，土木工事積算基準マニュアル[5]に示されている直接工事費の積算事例を用いて以下に解説を加える。

表3.4に示す事例は，道路改良工事における道路土工を構成する各種工事（掘削工・路体盛土工・路床盛土工・法面整形工・残土処理工；表での種別に対応）のそれぞれの直接工事費を積算したものである。表3.4に示す内容は，以下のように要約される。

① 各種別の直接工事費は，表3.4では1式の金額として以下のように算定されている。

　　・掘削工　　　　760 540 円
　　・路体盛土工　　132 114 円
　　・路床盛土工　　256 200 円
　　・法面整形工　　187 218 円
　　・残土処理工　　 79 794 円

② 表3.4における数量の欄は，各種別を構成する細別（例えば，掘削工の掘削（土砂）（1））ごとに，式（3.2）に示した設計数量が設定されてい

③ 表3.4における単価の欄は，各種別を構成する細別ごとに，人間または機械の単位当りの作業に必要な投入量である歩掛を考慮した値が設定されており，その各単価の構成根拠を示す資料が，表3.4の適要の欄に，第1号単価表～第5号単価表，および共通B34号単価表であるとして示されている。

以下に，表3.4の適要の欄に示す単価表のうち，積算事例として共通B34号単価表および第1号単価表の算定方法を示す。

まず，共通B34号単価表の算定方法を**表3.5**に示す。表3.5に示す単価表のうち，機械による切土整形 $100\,m^2$ 当りでの投入量である「世話役0.6人，普通作業員1.4人およびバックホウ運転4.0 h」は，表3.2の機械による切土整形歩掛に基づくものである。そして，バックホウ運転の1時間当りの運転経費の単価 9 255 円/h は，表3.5の摘要に示す共通A24号単価表により算定されるものである。このバックホウ運転共通1時間当りの運転経費の単価を表す**表3.6**に示すA24号単価表において，運転手（特殊）の歩掛0.17人は指定事項であり，燃料費の数量および機械損料の単価は，それぞれ表の摘要に示す手順で算定される。したがって，レキ質土を対象とした $1\,m^2$ 当りの単価は，表

**表3.5** 共通B34号単価表[5]

| 機械掘削による切土掘削 $100\,m^2$ 当り単価表（レキ質土・砂および砂質土・粘性土） | | | | | | |
|---|---|---|---|---|---|---|
| 名称 | 規　格 | 単位 | 数量 | 単価〔円〕 | 金額〔円〕 | 摘　要 |
| 世話役 |  | 人 | 0.6 | 20 500 | 12 300 |  |
| 普通作業員 |  | 人 | 1.4 | 14 300 | 20 020 |  |
| バックホウ運転 | （1次）クローラ型（法面バケット付き）山積み $0.8\,m^3$（平積み $0.6\,m^3$） | h（時間） | 4.0 | 9 255 | 37 020 | 共通A24号単価表 |
| 諸雑費 |  | 式 | 1 |  | 0 | 端数整理 |
| 計 |  |  |  |  | 69 340 | 有効数字4桁 |
| $1\,m^2$ 当り |  |  |  |  | 693.4 | 機械削による切土整形 |

3.3 日本の公共工事における建設コスト積算方法

**表3.6 共通A24号単価表[5]**

バックホウ（山積み$0.8\,\mathrm{m}^3$（平積み$0.6\,\mathrm{m}^3$））運転1時間当り単価表

| 名称 | 規格 | | 単位 | 数量 | 単価〔円〕 | 金額〔円〕 | 摘要 |
|---|---|---|---|---|---|---|---|
| 運転手(特殊) | | | 人 | 0.17 | 17 700 | 3 009 | 指定事項→0.17人 |
| 燃料費 | 軽油 | | L | 18 | 107 | 1 926 | $104\,\mathrm{kW}\times0.175$〔L/kW·h〕$\fallingdotseq18$〔L/h〕 |
| 機械損料 | (1次)クローラ型(法面バケット付き)山積み$0.8\,\mathrm{m}^3$(平積み$0.6\,\mathrm{m}^3$) | 土砂 | h | 1 | 4 320 | 4 320 | |
| | | 軟岩補正1.10 | | 1 | 4 550 | 4 550 | 1 840円×1.10（補正）+9 840円/3.9 h $\fallingdotseq$ 4 550円 ※ |
| 諸雑費 | | | 式 | 1 | | 0 | 端数整理 |
| 計 | | 土砂 | h | | | 9 255 | |
| | | 軟岩補正1.10 | | | | 9 485 | |

※ 日本建設機械化協会編：建設機械等損料表（2010）より

3.5に示す手順を経て，表3.4において使用しているように693.4円と設定される。

つぎに，第1号単価表の算定方法を**表3.7**に示す。表3.7の「掘削（土砂）$100\,\mathrm{m}^2$当り単価表」において，ブルドーザ運転の数量は，1日当りの施工可能な面積が$320\,\mathrm{m}^2$であることから，$100\,\mathrm{m}^2$当りに換算することで0.31日（100/320$\fallingdotseq$0.31）と算定される。そして，ブルドーザ運転の1時間当りの単価79 450円は，前述のレキ質土を対象とした機械による切土整形の運転単価

**表3.7 第1号単価表[5]**

掘削（土砂）$100\,\mathrm{m}^2$当り単価表（レキ質土）

| 名称 | 規格 | 単位 | 数量 | 単価〔円〕 | 金額〔円〕 | 摘要 |
|---|---|---|---|---|---|---|
| ブルドーザ運転 | 湿地20 t級 | 日 | 0.31 | 79 450 | 24 629 | $100\,\mathrm{m}^2\div320\,\mathrm{m}^2$/日$\fallingdotseq$0.31 共通A5号単価表 |
| 諸経費 | | 式 | 1 | | 1 | 端数整理 |
| 計 | | | | | 24 630 | |
| $1\,\mathrm{m}^2$当り | | | | | 246.3 | |

表 3.8 共通 A 5 号単価表[5]

ブルドーザ(湿地, 20 t 級)運転 1 日当り単価表

| 名称 | 規格 | | 単位 | 数量 | 単価〔円〕 | 金額〔円〕 | 摘要 |
|---|---|---|---|---|---|---|---|
| 運転手(特殊) | | | 人 | 1.00 | 17 700 | 17 700 | |
| 燃料費 | 軽油 | | L | 158 | 107 | 16 906 | |
| 機械損料 | (1次)湿地 20 t 級 | 土砂 | 供用日 | 1.83 | 24 500 | 44 835 | (2 670 円×1.25+13 800 円/4.0 h)×4.0 h = 27 150 円 ※ |
| | | 軟岩補正1.25 | | | 27 150 | 49 684 | |
| 諸雑費 | | 土砂 | 式 | 1 | | 9 | 端数整理 |
| | | 軟岩補正1.25 | | | | 0 | |
| 計 | | 土砂 | | | | 79 450 | |
| | | 軟岩補正1.25 | | | | 84 290 | |

※ 日本建設機械化協会編:建設機械等損料表(2010)より

と同様に,**表 3.8** に示す共通 A 5 号単価表により算定されるものである。したがって,レキ質土を対象とした掘削工 1 m$^2$ 当りの単価は,表 3.7 に示す手順を経て,表 3.4 において使用しているように 246.3 円と設定される。

表 3.4 の摘要の欄の第 2 号単価表〜第 5 号単価表に対応する各単価は,上述の人間または機械の単位当りの作業に必要な投入量である歩掛,機械損料および運転経費を考慮した手順に基づき算定される。

なお,表 3.4 に示した事例で算定される直接工事費は,前述のように発注者から示される設計条件・施工条件に基づき積算されるものである。したがって,例えば,表 3.4 の事例で,施工時にレキ質土と想定されている地層深度が浅く軟岩が出現した場合には,本質的には表 3.4 に示す各工種でのレキ質土の数量は減少する一方で,その減少数量には軟岩を対象とした単価を新たに設定し,直接工事費の再計算が必要となる。ただし,そのような設計条件との乖離に起因する直接工事費の再計算,およびそれに伴う各種経費の変動が認められるか否かは,6.2 節,6.3 節に述べる契約条件に依存することに留意されたい。

## 演習問題

〔3.1〕 コストとプライスの違いについて論ぜよ。また，両者に関して，建設プロジェクトにおいてはどのような関係にあるかも論ぜよ。

〔3.2〕 インフラ構造物の維持補修を対象としたアセットマネジメントの定義について考察せよ。

〔3.3〕 表3.1に示したアジア地域で過去に実施された大量輸送交通網整備プロジェクトでの1m当りのコスト比較において，高架方式に比較して地下鉄建設事業のほうが高価であることについて考察せよ。

〔3.4〕 入札において，日本では公共事業での標準的な単価が設定されていることの利点について考察せよ。

〔3.5〕 表3.4に示す積算事例について，Excelを用いて数量を変更して算定することで積算に対する認識を深めよ。

# 4章 プロジェクトリスクマネジメント概論

### ◆本章のテーマ

　本章では，まず実際にプロジェクトを立案・実施する上では，さまざまなリスク要因が内在することの理解を図るために，国内外での工学的なプロジェクトにおいて顕在化する可能性があるリスク要因について具体例を示すとともに，そのリスク要因に対するプロジェクトリスクマネジメント (project risk management, PRM) の基本概念について解説を加える。具体的には，プロジェクトリスクマネジメントは，リスク同定・リスク分類・リスク評価・リスク対応という各要素から構成されることを明らかにし，それぞれの構成要素の内容について，具体例を用いて解説を加える。さらに，章末に示す演習問題を通して，プロジェクトリスクマネジメントに対する基本概念が構築されることを期待する。

### ◆本章の構成（キーワード）

4.1 概　説
　　　リスクの定義，リスクマネジメント
4.2 リスク同定およびリスク分類
　　　リスク同定，リスク分類，カントリーリスク，海外プロジェクトリスク
4.3 リスク評価
　　　主観的リスク，客観的リスク，リスク評価手法
4.4 リスク対応
　　　リスク制御，リスク低減，リスクファイナンス，リスク転嫁

### ◆本章を学ぶと以下の内容をマスターできます

☞ 実際のプロジェクトに内在するリスク要因
☞ リスク要因が顕在化することに対する客観的な意思決定方法

## 4.1　概　　　説

　プロジェクトを実施するに当たっては，一般的に多様なリスク要因が内在することはいうまでない。このため，言い換えれば，プロジェクトを円滑に実施することとは，そのプロジェクトに内在するリスクをいかにマネジメントするかということになる。

　ここで，昨今「リスク」あるいは「リスクマネジメント」という用語が一般的に用いられるようになってきた。しかし，その用語はさまざまな局面・分野で用いられているため，必ずしも統一的な意味で使用されているとはいえない。このため，以下に「リスクとは」，あるいはプロジェクトにおける「リスクマネジメントとは」に関して，本書での基本的な考え方について述べる。

　まず，リスク（risk）という言葉は，フランス語のrisquéという言葉から派生したものであり，17世紀頃から保険市場での危険性を表す指標として用いられ始め，18世紀に英単語として辞書にも初めて登録されたものである[1]。

　つまり，リスクという言葉は，本来，経済用語として用いられてきたものであり，その後，他のさまざまな分野でも援用されるようになってきた背景がある。ただし，その言葉が他の分野へと派生してきた過程で，それぞれの分野ごとで異なる使い方がされてきたため，現状ではリスクについてさまざまな定義が存在する。例えば，武井[2]は，リスクについては，以下のようなさまざまな意味で使用されていると指摘している。

・損失の可能性

・損失の確率

・損失の状態（ペリル）

・危険な状態（ハザード）

・損害や損失にさらされている財産・人

・潜在的な損失

・実際の損失と予想した損失の変動

・不確実性

また，リスク解析学会（The Society for Risk Analysis）の発行する文書では，「risk」および「risk analysis」については，それぞれ以下のように定義されている[3]。

"Risk is the potential for the realization of unwanted consequences of a decision or an action."（好ましくない帰結の発生／顕在化）

"Risk analysis is the process of quantification of the probabilities and expected consequences of risks."（想定される損失の定量化のプロセス／方法論）

上記の定義を踏まえれば，リスクとは，好ましくない帰結すなわち損失の発生／顕在化を表す用語と解釈されるべきであり，またその損失を表すリスクについては，できるだけその損失を定量的に表現することが望ましいとも解釈されるであろう。

つぎに，プロジェクトのリスクマネジメント（PRM）とは，図 4.1 のフロー図に示すように，以下の 4 段階の検討項目からなるものと定義される[4]。

① **リスク同定**（risk identification）
② **リスク分類**（risk classification）

```
リスク同定
   ↓
リスク分類
   ↓
リスク評価
   ↓
リスク対応 ─┬─ リスクコントロール
            └─ リスクファイナンス
```

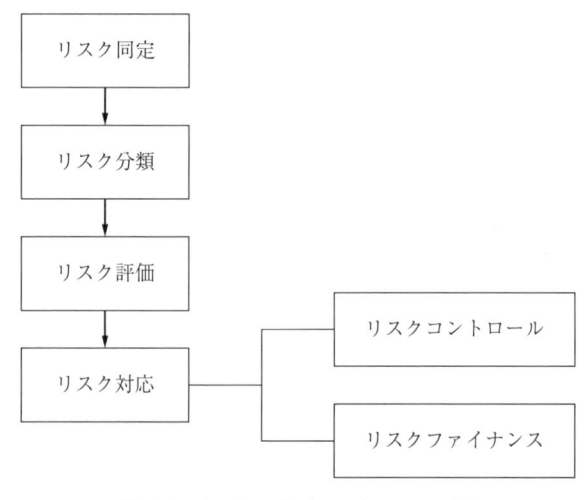

図 4.1　リスクマネジメントのフロー図

③ **リスク評価**（risk assessment）
④ **リスク対応**（risk response）

さらに，上記の4項目のうち，リスク対応は，リスクの大きさを低減する**リスクコントロール**（risk control）と，リスクの大きさ自体は変化させず，その一部を他者に転嫁する**リスクファイナンス**（risk finance）とに区分される（4.4節参照）。

ここで，プロジェクトの特徴は，複数の人間・組織が関与することが多いため，プロジェクトにかかわるプレーヤーが多岐に渡ることである。このため，4.2.2項で述べるように特定のプロジェクトで発生するリスクを各プレーヤーに分配するルールを設定する場合には，プレーヤーごとの**リスクに対する態度**（risk attitude）が重要なファクターとなる。

リスクに対する態度は，通常以下の3パターンに分類される。

・リスク回避的
・リスク中立的
・リスク趣向的

一般的には，資本がある組織は**リスク中立的**（risk neutral）な行動をとるであろうし，資本が乏しい組織は**リスク回避的**（risk adverse）な行動をとる。しかし，ベンチャー企業のような，より資本力に乏しい組織は**リスク趣向的**（risk loving）な行動パターンを選択することもあるであろう。

いずれにしても，図4.1に示したリスクマネジメントのフロー図は一般的な流れを示したものであるが，プロジェクトに参加するプレーヤーのリスクに対してとる態度によって，最終段階である各プレーヤーへリスクを分配するルールすなわちリスク対応は，個々のプロジェクトごとに大きく変化する。

以下に，図4.1のフロー図に示すPRMでの4段階それぞれにおける検討項目の基本概念について示す。

## 4.2 リスク同定およびリスク分類

**リスク同定**（risk identification）および**リスク分類**（risk classification）は，図4.1に示したように，PRMスキームの上流側に位置し，プロジェクトに内在するリスク要因の抽出を図るものである。プロジェクトごとの特性により，内在するリスク要因の同定・分類の困難さは異なることはいうまでもない。対象とする案件によっては，リスク要因の同定および分類において，その要因の階層構造を考慮して実施されなければならない複雑な場合も存在する。

本節では，4.1節で述べたリスク要因の階層構造を考慮する必要がある事例として海外プロジェクトを取り上げ，解説を加える。

### 4.2.1 カントリーリスク

国内のプロジェクトでは，リスク要因としてプロジェクトに起因するもののみを考慮すればよいが，海外のプロジェクトではこのプロジェクトリスクに加えて，**図4.2**に示すようにいわゆるカントリーリスク，マーケットリスク等をその上位のリスク要因として考慮しなければならない。このようなリスク要因の構造特性を評価することが，日本人の最も苦手とすることであるとされている。

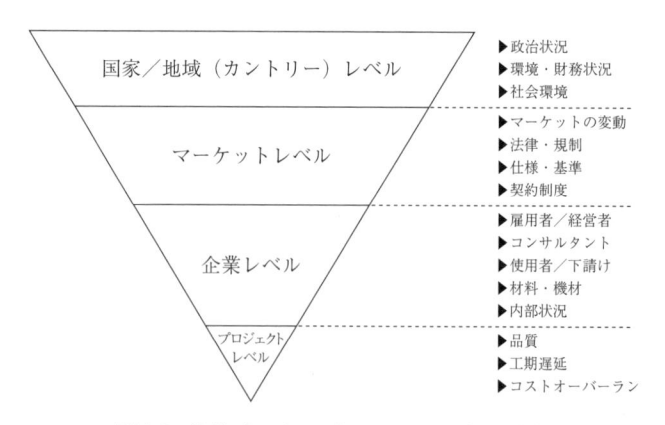

```
国家／地域（カントリー）レベル  ▶政治状況
                              ▶環境・財務状況
                              ▶社会環境
       マーケットレベル          ▶マーケットの変動
                              ▶法律・規制
                              ▶仕様・基準
                              ▶契約制度
         企業レベル              ▶雇用者／経営者
                              ▶コンサルタント
                              ▶使用者／下請け
                              ▶材料・機材
                              ▶内部状況
        プロジェクト              ▶品質
         レベル                 ▶工期遅延
                              ▶コストオーバーラン
```

図4.2　海外プロジェクトでのリスク要因の分類

## 4.2 リスク同定およびリスク分類

カントリーリスクと対峙するためには,「その国の」という特殊事情について知ることが必要となることはいうまでもない。例えば,上記の事例で想定される特殊な要因としては,つぎのような事項が挙げられる。

### 例題 4.1

**カントリーリスクの一事例**

以下に,バンコクで日本人観光客がタクシードライバーとよく起こすトラブル話を示す。

「バンコクのタクシードライバーは,どこの目的地に行けといってもよくわからないというので,対策として地図を見せたのに,やたら遠回りをする。どうもメーターのつり上げを図っているのではないかと不愉快になって怒った。」

さて,上記の日本人観光客の対応は,適切であったと考えられるであろうか。

### 解答

この例題では,「その国の」という特殊事情として,以下の諸状況を理解することが必要と考えられる。

- バンコクのタクシードライバーの多くは地方からの出稼ぎ者が多いため,ほとんどの場合,バンコク市内の地理に不案内である。
- バンコクはやたら一方通行が多いため,とんでもない方向に回り道をすることが多い。
- 東南アジア諸国では,インテリ階級を除いてほとんどの人は地図を解読できない。

上記の事項を勘案し,日本とは状況が異なることを認識すれば,タクシードライバーにクレームをつけることは必ずしも適切とはいえないことがわかるはずである。

ちなみに,本例題に示した課題に対処するためには,どのようにすればよいのであろうか。最も単純な解決方法は,よく地理のわかっている人と同乗すること,あるいは現地ガイドを雇用することであろう。つまり,カントリーリスクの最適な対処方法は,現地をよく知る人を確保することである。ビジネスの場合には,現地のローカルカンパニーに適切な相手(カウンターパート)を確保する,あるいは育成することが不可欠になる。

## 4.2.2 海外プロジェクトにおけるリスク同定・リスク分類

海外プロジェクトにおけるリスク同定およびリスク分類は，図4.2に示すようにその要因の階層構造を考慮して実施されなければならない．図4.2に示すように，海外プロジェクトの第1次階層のリスク要因は，プロジェクトレベルに加えて，それぞれプロジェクトにかかわる企業レベル，マーケットレベル，および国家／地域レベルという上位のリスクにより構成される．さらに，**表4.1**に建設プロジェクトを対象とした場合の，プロジェクトレベルより上位レベルでの第2次階層として具体的にブレイクダウンしたリスク要因を列挙した[4]．図4.2や表4.1に示すように，海外プロジェクトにおいて想定されるリスク要因は多種多様である．

**表4.1 海外建設プロジェクトにおけるリスク要因とその分類**

| 国家レベル | 建設市場レベル | 建設機関レベル |
|---|---|---|
| 政治状況<br>・戦争<br>・市民暴動<br>・一貫性のない政策<br>・選挙 | 市場変動<br>・市場の急激な拡大，縮小<br><br>法律・規制関連<br>・複雑な許認可過程<br>・矛盾した仲裁体系<br>・輸出入の制限 | 実施母体<br>・不明確な要求<br>・財源不足<br><br>コンサルタント<br>・不明確な詳細設計<br>・請負者との施行方法の相互理解の欠如 |
| 環境・財政状況<br>・GNPの減少<br>・利率変動<br>・税率上昇<br>・インフレ | 基準・規格<br>・設計，施工基準の不完備<br>・安全管理基準の不完備<br>・汚染，公害基準の不完備 | 下請業者<br>・労働意欲の欠如<br>・ストライキ |
| 社会環境<br>・文化伝統の違い<br>・治安状態<br>・贈収賄 | 請負システム<br>・請負形態の不完備<br>・契約管理技術の不足 | 資材・装備<br>・資材，装備の欠如<br><br>内在的なもの<br>・人材不足<br>・他の事業の影響<br>・契約図書の不備，不完全 |

また，4.4節で述べるリスク対応のうちの一方策であるリスク分配のルールとしては，そのリスク要因をコントロール可能なプレイヤーが負担することが

## 4.2 リスク同定およびリスク分類

原則とされている。このため，表4.1に示すように，多様なリスク要因が発生する階層に基づき詳細に分類することが重要である。例えば，最上位のリスク要因となる国家／地域に起因するものは，海外からプロジェクトに参加する請負者（コントラクター）がコントロールできるものではない。したがって，このようなリスク要因により発生する損失については，本来，ホスト国の実施機関が負担するべきである。あるいは，片務的な契約条項により請負者がこのようなリスク要因による損失を負担しなければならない危険性があるならば，保険あるいは現地の下請者との契約により，その損失に対する対応を事前に策定すべきである。

このように，リスク同定およびリスク分類の段階では，後続するリスク分配に対応するため，できるだけ多くのリスク要因を書き出し，それが発生する階層と関連づけて検討することがきわめて重要である。

なお，表4.1で示したリスク要因は，海外建設プロジェクトにおいて一般論として考えられるものを列挙したものである。このため，支配的なリスク要因を抽出するためには，過去の事例についての事後評価に基づくデータベースを構築することが有効である。

その事例として，大津らにより示された海外建設プロジェクトでのリスク要因の分析結果を示す[5]。この研究において分析された海外建設プロジェクトの事例は，海外経済協力基金（Overseas Economic Cooperation Fund, OECF，現在の**国際協力銀行**[†]（Japan Bank for International Cooperation, **JBIC**））の円借款案件25件[6]~[8]を対象としたものである。ここで対象とした案件について，施工場所は韓国，中国，フィリピン，タイ，インドネシア，スリランカ，ヨルダン，エジプト，シリア，モーリシャス，ブラジル，コスタリカである。

これらの円借款事業については，OECFにより当初の融資計画に対する事後評価として，工期・工費変動およびその変動が生じた理由について報告されて

---

† 7.2節で述べるようにJBICの円借款(しゃっかん)部門は，2008年にJICAに統合されている。

いる。この事後評価結果に示されたプロジェクトのうちで，工期の遅延が生じた案件に着目し，遅延の生じたと判断されるリスク要因に対して複数要因抽出可として分類した結果が**図4.3**である。さらに，図4.3の結果はサンプルデータが少ないことから，JBICにより2000〜2005年の事後評価報告書に示されている317件の円借款プロジェクトについて，同様の方法で遅延の生じたリスク要因の上位10個を抽出した結果を**図4.4**に示す。

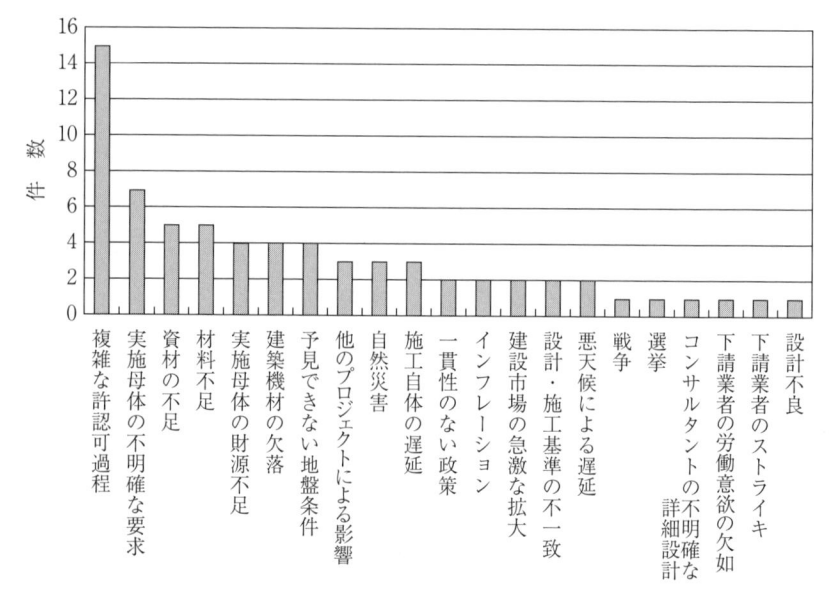

（グラフ：件数を縦軸にとった棒グラフ。項目と件数は以下のとおり）

- 複雑な許認可過程：15
- 実施母体の不明確な要求：7
- 資材の不足：5
- 材料不足：5
- 実施母体の財源不足：4
- 建築機材の欠落：4
- 予見できない地盤条件：4
- 他のプロジェクトによる影響：3
- 自然災害：3
- 施工自体の遅延：3
- 一貫性のない政策：2
- インフレーション：2
- 建設市場の急激な拡大：2
- 設計・施工基準の不一致：2
- 悪天候による遅延：2
- 戦争：1
- 選挙：1
- コンサルタントの不明確な詳細設計：1
- 下請業者の労働意欲の欠如：1
- 下請業者のストライキ：1
- 設計不良：1

**図4.3** 円借款プロジェクトの事後評価結果に基づくリスク要因の抽出結果（1998〜1999年，25件）[5]

図4.3および図4.4に示す結果において，上位二つにランクされたものは，いずれもアドミニストレーションリスクと分類される，「複雑な許認可過程」・「実施母体の不明確な要求」という事項である。この二つのリスク要因は，サンプル数にかかわらず上位であることから，海外建設プロジェクトに共通した支配的なリスク要因であることが明らかとなる。なお，このアドミニストレーションリスクは，日本のプロジェクトにおいても支配的なリスク要因となることに留意されたい。

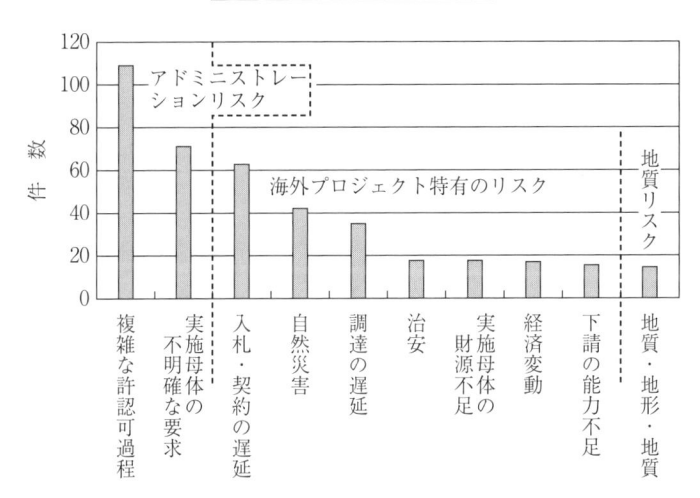

**図4.4** 円借款プロジェクトの事後評価結果に基づくリスク要因の抽出結果（2000〜2005年，377件）

また，図4.4に示すように，アドミニストレーションリスクに続くリスク要因は，海外プロジェクトに固有なリスク要因である。さらに，国内プロジェクトにおいても有意なリスク要因となる地質リスクも10位にランクされている。

以上の結果より，海外建設プロジェクトに関するリスク同定および分類結果としては，国内プロジェクトと共通のアドミニストレーションリスクと，海外プロジェクトに固有なリスク要因とが挙げられることとなる。なお，海外プロジェクトに固有なリスク要因については，対象とする国々によって大きく変化する可能性があるため，その対象国特有の文化・経済等について分析し，具体的なリスク要因を抽出することが必要となることはいうまでもない。

## 4.3 リスク評価

リスク評価（risk assessment）におけるリスクの表現方法は，一般的には**表4.2**に示すように，**主観的リスク**（subjective risk）と**客観的リスク**（objective risk）とに大別される。ここで，主観的リスクとは，多くの関係者の経験や直観などの主観に基づく半定量的な判定結果を集めて，総合的に評価するもので

**表 4.2** リスク表現の大分類

| 主観的リスク | 客観的リスク |
|---|---|
| ・半定量的な指標<br>・経験や直観に基づき設定<br>　（アンケート，ブレーンストーミング） | ・定量的な指標<br>・過去の具体的なデータに基づき設定<br>　（数学モデル，確率・統計モデル） |

ある。これに対して，客観的リスクは，実験結果あるいは過去の記録に基づき不確定量を確率・統計理論を用いてモデル化し，そのリスクを定量的に算定するものである。例えば，金融工学[9]および信頼性工学[10]の分野で用いられるリスクがこれに相当する。

### 4.3.1 主観的リスク

上記のリスク分類の定義の下で，主観的リスクとは，半定量的な指標と位置づけられるものであり，多くの場合，関係者へのインタビューあるいはアンケート結果の分析あるいは，関係者間でのブレーンストーミングにより総合的に評価されるものである。この評価手法は，一般的には**リスク分析**（risk analysis）と称せられるものである。この手法を用いる場合には，想定される各リスク要因に対して，その優先度を次式に示すような**損失期待値**（expected loss）として表現する。

$$R_i = P_i \times I_i \tag{4.1}$$

ここで，$P_i$（確率）は，あるリスク要因 $i$ が発生する可能性を表し，$I_i$（損失）は，あるリスク要因 $i$ が発生した際のインパクトの度合を表す。また，$R_i$ はあるリスク要因 $i$ に起因する損失が発生した場合の平均的な損失度合を表すものである。もちろん，ここでの $P_i$（確率）および $I_i$（損失）の数値は，関係者の主観により設定される数値である。

欧米の実際の PRM の分野では，関係者の経験・直観に基づき損失の重要度合を感度分析的に表現するという意味では，半定量的な指標として主観的リスクが用いられた事例が数多く報告されている。

## 4.3 リ ス ク 評 価

　例えば，個別の海外プロジェクトを対象として，関係者へのインタビューあるいはアンケートにより図4.2や表4.1に示すようなリスク要因の階層図が作成されたとする。これは，いうまでもなくリスク要因の同定・分類に相当する，リスクマネジメントの第1段階の作業である。通常は，この段階で挙げられるリスク要因の数は，数十個程度であることが多い。このため，この段階で挙げられているすべてのリスク要因について対応策を想定することは現実的ではない。すなわち，この段階で対象とするプロジェクトの特性に応じて，特に重要であると推測されるリスク要因を絞り込むための作業が必要となる。これが，リスク評価に相当する。

　このリスク要因の絞り込み作業は，通常，再度関係者へのインタビューあるいはアンケートを行い，その結果での上位5～10個のリスク要因を抽出することが多い。この作業の段階で，半定量的な指標として式(4.1)を用いることもある。もちろん，ここでの $P_i$（確率）および $I_i$（損失）の数値は，関係者により設定される数値である。この指標を第1段階でのすべてのリスク要因ごとに算定し，上位5～10個程度のリスク要因を抽出することになる。

　例えば，Zhi[11]は，中国における実際のプロジェクトでの主観的リスクを半定量的な指標として表現するために，想定される多様なリスク要因に対して，$P_i$ および $I_i$ をそれぞれ0～1の値としたアンケート結果の期待値に基づき，図4.5に示すように上位10個のリスク要因を抽出した結果を示している。

　なお，この主観的リスクに基づく評価は，たとえ式(4.1)のように定量的に評価されたとしても，調査対象とする関係者の意思決定の偏りを含んでいることは否めない。また，統計学で問題とされる，各リスク要因間の相関性を排除できない課題を含んでいる。したがって，ここでの主観的リスクを用いた評価方法は，あくまで相対的に重要とされる要因を関係者の経験・直観により抽出するものと位置づけられる。

```
                    ┌─────────────────┐
                    │ プロジェクトリスク │
                    └────────┬────────┘
         ┌───────────────────┼───────────────────┐
      確率         リスク要因      リスクレベル    インパクト
      0.90                                        0.119
        ├──→ インフレーション    0.107 (1) ←─┤
      0.85                                        0.113
        ├──→ 官僚主義           0.096 (2) ←─┤
      0.86                                        0.097
        ├──→ 治安              0.083 (3) ←─┤
      0.70                                        0.101
        ├──→ 汚職              0.071 (4) ←─┤
      0.75                                        0.093
        ├──→ 教育施設の不足      0.070 (5) ←─┤
      0.61                                        0.105
        ├──→ 交通手段の不足      0.064 (6) ←─┤
      0.60                                        0.105
        ├──→ 税率の変動         0.063 (7) ←─┤
      0.64                                        0.095
        ├──→ 為替変動           0.061 (8) ←─┤
      0.62                                        0.087
        ├──→ 法制度の不備       0.054 (9) ←─┤
      0.60                                        0.085
        └──→ 通信施設の不足     0.051 (10)←─┘
```

**図 4.5** 主観的リスクによる主要リスク要因抽出結果[11]

### 4.3.2 客観的リスク

〔1〕**工学分野のリスク評価**　客観的リスクは，表 4.2 に示したように不確定量を確率・統計理論を用いてモデル化し，そのリスクが定量的に算定されるものであり，信頼性工学および金融工学分野で用いられるリスクがこれに相当する。

ただし，ここで留意すべきことは，信頼性工学に代表される工学分野と金融工学分野でのリスクの定義が異なることである。

まず，工学分野でのリスクの基本概念は，構造物が地震等の外力を受けてなんらかの被害を受ける危険性を表現するものである。このためには，作用する外力レベルとその外力により構造物が被害を受ける危険性を明確に関連づける必要がある。つまり，構造物の被害推定を行うことが必要となる。

もちろん，構造物の被害とは確定的に推定されるものではない。このため，工学分野でのリスクは，被害が想定される事象に対して，その事象が発生する頻度（あるいは可能性）とその際の損失のレベルとを掛け合わせた損失期待値

として定義されることが一般的である[12]。

$$R = \sum_{i=1}^{J} P_i \times C_i \qquad (4.2)$$

ここに，$R$ は損失期待値，$P_i$ は事象 $i$ が発生する確率，$C_i$ は事象 $i$ が発生する場合の損失を表す。また，$J$ は損失の発生が想定される事象の総数を表す。なお，式 (4.2) の確率・損失は，式 (4.1) に示される主観量とは異なり，統計・確率等の数学モデルにより設定される客観的な値であることに留意する必要がある。

式 (4.2) に示した損失期待値をリスクと定義する工学分野の検討事例として，以下に**イベントツリー**（event tree, **ET**）を用いたリスク評価（斜面崩壊リスク算定）結果を示す。この事例では，算定したリスクに基づき対策工の優位性に関する意思決定についても示している。

### 例題4.2

**ETを用いたリスク評価（斜面崩壊リスク算定）**[13]

図 4.6 に示す道路斜面において，ET を用いて斜面崩壊が発生した場合に想定される被害シナリオを推定するとともに，現状でのリスク（損失期待値）を算定せよ。

また，対策工を講じたときのリスクについても算定せよ。

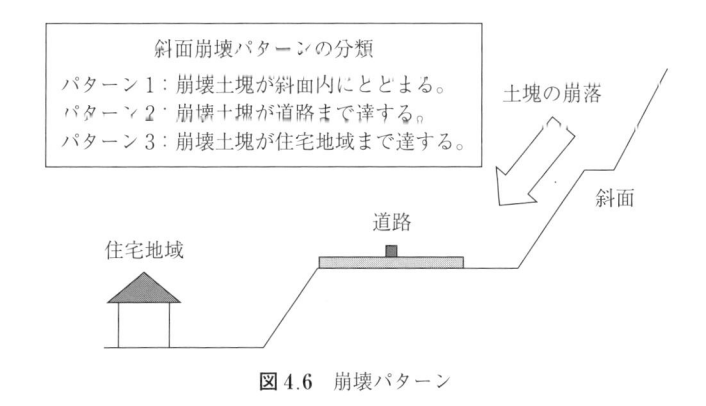

図 4.6 崩壊パターン

### 解答

① 被害パターンの推定

まず，図4.6に示す道路斜面において斜面崩壊が発生した場合に想定される被害パターンは，図に示すように，崩壊土塊の移動パターンに応じて以下の3種類に分類される。

　・パターン1：崩壊土塊が斜面内（斜面法尻と道路脇(わき)の領域）にとどまる。
　・パターン2：崩壊土塊が道路まで達する。
　・パターン3：崩壊土塊が住宅地域まで達する。

② ETを用いた被害シナリオ推定

被害シナリオは，ETを用いて**図4.7**に示すように，8種類のシナリオに展開される。すなわち，ETにおけるイベントは，フェーズ1（斜面崩壊），フェーズ2（道路利用者の被災）およびフェーズ3（住宅の被災）の三つを選定する。なお，図4.7に示すように，フェーズ1での斜面崩壊に関連して，図4.6に示す3種類の被害パターンを割り当てている。

③ 被害に伴う損失の評価

つぎに，図4.7に示す各被害シナリオが発生した場合の具体的な対応お

| フェーズ1 | | フェーズ2 | フェーズ3 | No. | 被害シナリオ |
|---|---|---|---|---|---|
| 斜面崩壊 | 崩壊パターン | 道路利用者の被災 | 住宅の被災 | | |
| No | | | | 1 | 被害なし |
| | パターン1 | | | 2 | 斜面内の土塊崩落 |
| Yes | | | | | |
| | パターン2 | | | | |
| | | No | | 3 | 道路まで土塊崩落 通行者，車両の被災なし |
| | | Yes | | 4 | 道路まで土塊崩落 通行者，車両の被災あり |
| | パターン3 | | | | |
| | | No | No | 5 | 住宅地域まで土砂崩落 住宅の被災なし |
| | | | Yes | 6 | 住宅地域まで土砂崩落 住宅の被災あり |
| | | Yes | No | 7 | 住宅地域まで土砂崩落 通行者，車両の被災あり 住宅の被災なし |
| | | | Yes | 8 | 住宅地域まで土砂崩落 通行者，車両の被災あり 住宅の被災あり |

**図4.7** ETを用いた被害シナリオ展開

よび損失について想定する。ここでは，斜面崩壊に伴う事業者が被る損失，および利用者が被る損失の2種類を想定する。具体的には，事業者損失としては，原形復旧費および被害者への補償費，利用者損失としては，道路通行止め期間の迂回走行損失を想定する。各被害シナリオと，それに対して想定すべき各種損失は，**表4.3**に示すように関連づけられる。

**表4.3 各被害シナリオの発生に伴う損失の分類**

| No. | 被害シナリオ | 対応策 | 事業者損失 | | 利用者損失 |
| --- | --- | --- | --- | --- | --- |
| | | | 原形復旧費 | 補償費 | 迂回走行損失 |
| 1 | 被害なし | 必要なし | − | − | − |
| 2 | 斜面内の土塊崩落 | 原形復旧 | ○ | − | − |
| 3 | 道路まで土塊崩落<br>通行者，車両の被災なし | 原形復旧／通行止め | ○ | − | ○ |
| 4 | 道路まで土塊崩落<br>通行者，車両の被災あり | 原形復旧／通行止め<br>運転者への補償 | ○ | ○ | ○ |
| 5 | 住宅地域まで土砂崩落<br>住宅の被災なし | 原形復旧／通行止め | ○ | − | ○ |
| 6 | 住宅地域まで土砂崩落<br>住宅の被災あり | 原形復旧／通行止め<br>住宅への補償 | ○ | ○ | ○ |
| 7 | 住宅地域まで土砂崩落<br>通行者，車両の被災あり<br>住宅の被災なし | 原形復旧／通行止め<br>運転者への補償 | ○ | ○ | ○ |
| 8 | 住宅地域まで土砂崩落<br>通行者，車両の被災あり<br>住宅の被災あり | 原形復旧／通行止め<br>運転者への補償<br>住宅への補償 | ○ | ○ | ○ |

④ 被害シナリオの生起確率の算定

図4.7に示すETにおいては，各分岐に対して分岐確率を設定することが必要となる。**図4.8**に，試算として各分岐確率を与えた結果を示す。図に示すように，各被害シナリオの生起確率は，独立する分岐確率の積として算定される。なお，図4.8に示す各被害シナリオの生起確率の和は，1.0となることに留意されたい。

⑤ リスクの算定

リスク（損失期待値）は，式(4.2)に示すように各被害シナリオの生起確率 $p_i$ とそれに対する損失 $C_i$ の積の総和として表される。**図4.9**に，試算として各被害シナリオに対する損失を示す。図に示すU（ユニット）は，リスクを試算するための仮想の単位である。

結果として，図4.9に示すように，現状での図4.6に示す道路斜面での斜面崩壊リスクは2.0100 U と算定される．

| | フェーズ1 | | フェーズ2 | フェーズ3 | No. | 被害シナリオ | | 生起確率 |
|---|---|---|---|---|---|---|---|---|
| No | 0.90 | | | | 1 | 被害なし | $p_1$ | 0.9000 |
| | | パターン1 | | | | | | |
| Yes | 0.10 | 0.60 | | | 2 | 斜面内の土塊崩落 | $p_2$ | 0.0600 |
| | | パターン2 | | | | | | |
| | | 0.30 | No | | 3 | 道路まで土塊崩落 | $p_3$ | 0.0240 |
| | | | 0.80 | | | 通行者，車両の被災なし | | |
| | | | Yes | | 4 | 道路まで土塊崩落 | $p_4$ | 0.0060 |
| | | | 0.20 | | | 通行者，車両の被災あり | | |
| | | パターン3 | | | | | | |
| | | 0.10 | No | No | 5 | 住宅地域まで土砂崩落 | $p_5$ | 0.0072 |
| | | | 0.80 | 0.90 | | 住宅の被災なし | | |
| | | | | Yes | 6 | 住宅地域まで土砂崩落 | $p_6$ | 0.0008 |
| | | | | 0.10 | | 住宅の被災あり | | |
| | | | Yes | No | 7 | 住宅地域まで土砂崩落 | $p_7$ | 0.0018 |
| | | | 0.20 | 0.90 | | 通行者，車両の被災あり | | |
| | | | | | | 住宅の被災なし | | |
| | | | | Yes | 8 | 住宅地域まで土砂崩落 | $p_8$ | 0.0002 |
| | | | | 0.10 | | 通行者，車両の被災あり | | |
| | | | | | | 住宅の被災あり | | |
| | | | | | | | 計 | 1.0000 |

**図4.8** ETを用いた被害シナリオの生起確率の算定

| | フェーズ1 | | フェーズ2 | フェーズ3 | | 生起確率 | 事業者損失 | | 利用者損失 | リスク |
|---|---|---|---|---|---|---|---|---|---|---|
| | | | | | | | 原型復旧費 | 補償費 | 迂回走行損失 | $p_i \times C_i$ |
| No | 0.90 | | | | $p_1$ | 0.9000 | 0 | 0 | 0 | 0.0000 U |
| | | パターン1 | | | | | | | | |
| Yes | 0.10 | 0.60 | | | $p_2$ | 0.0600 | 1 | 0 | 0 | 0.0600 U |
| | | パターン2 | | | | | | | | |
| | | 0.30 | No 0.80 | | $p_3$ | 0.0240 | 10 | 0 | 10 | 0.4800 U |
| | | | Yes 0.20 | | $p_4$ | 0.0060 | 10 | 100 | 10 | 0.7200 U |
| | | パターン3 | | | | | | | | |
| | | 0.10 | No 0.80 | No 0.90 | $p_5$ | 0.0072 | 15 | 0 | 20 | 0.2520 U |
| | | | | Yes 0.10 | $p_6$ | 0.0008 | 15 | 200 | 20 | 0.1880 U |
| | | | Yes 0.20 | No 0.90 | $p_7$ | 0.0018 | 15 | 100 | 20 | 0.2430 U |
| | | | | Yes 0.10 | $p_8$ | 0.0002 | 15 | 300 | 20 | 0.0670 U |
| | | | | | | | (単位：U) | | | |
| | | | | | 計 | 1.0000 | | | 計 | 2.0100 U |

**図4.9** ETを用いたリスクの算定

## 4.3 リスク評価

⑥ 対策工案の比較

つぎに，図4.9に示す現状リスクに対して，**図4.10**および**図4.11**に示す2種類の対策工を適用した場合のリスク低減効果について検討する。

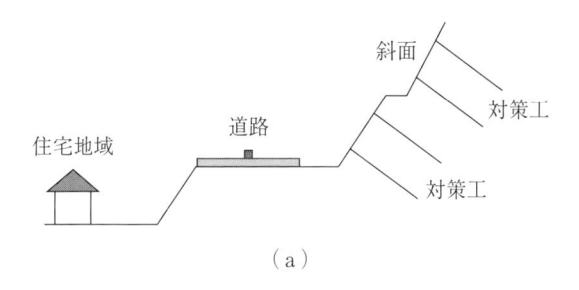

まず，図4.10に示す対策工1は，斜面にロックボルトを施工することで斜面を補強するものである。なお，図4.10ではこの対策工をハード対策工として示した。この斜面補強は斜面の安全率を高めることを目的としているため，図4.10に示すETでは，フェーズ1の斜面の崩壊確率を低減することにつながる。このため，図4.10に示すように，試算として崩壊確率を括弧内に示す0.10から0.05に低減した場合には，現状でのリスク 2.0100 U は対策後に 1.0050 U と低減されることになる。

(a)

|  | フェーズ1 |  | フェーズ2 | フェーズ3 |  | 生起確率 | 損失 | リスク |  |
|---|---|---|---|---|---|---|---|---|---|
|  |  |  |  |  |  |  |  | $p_i \times C_i$ |  |
| No | 0.95 |  |  |  | $p_1$ | 0.9500 | 0 | 0.0000 | U |
|  | (0.90) | パターン1 |  |  |  |  |  |  |  |
| Yes | 0.05 | 0.60 |  |  | $p_2$ | 0.0300 | 1 | 0.0300 | U |
|  | (0.10) | パターン2 |  |  |  |  |  |  |  |
|  |  | 0.30 | No 0.80 |  | $p_3$ | 0.0120 | 20 | 0.2400 | U |
|  |  |  | Yes 0.20 |  | $p_4$ | 0.0030 | 120 | 0.3600 | U |
|  |  | パターン3 |  |  |  |  |  |  |  |
|  |  | 0.10 | No 0.80 | No 0.90 | $p_5$ | 0.0036 | 35 | 0.1260 | U |
|  |  |  |  | Yes 0.10 | $p_6$ | 0.0004 | 235 | 0.0940 | U |
|  |  |  | Yes 0.20 | No 0.90 | $p_7$ | 0.0009 | 135 | 0.1215 | U |
|  |  |  |  | Yes 0.10 | $p_8$ | 0.0001 | 335 | 0.0335 | U |
|  |  |  |  |  | 計 | 1.0000 |  | 1.0050 | U |

(b)

**図4.10** 対策工1（ハード対策工）でのリスクの算定

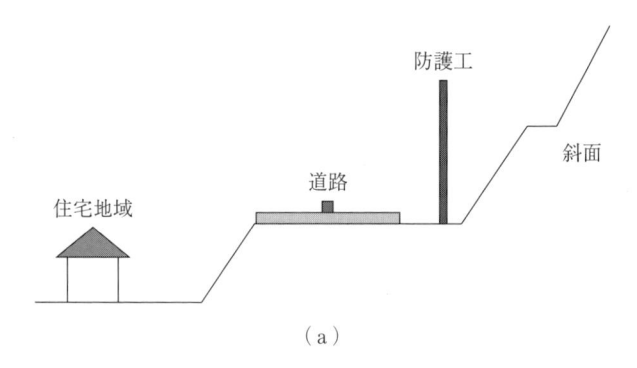

(a)

|  | フェーズ1 |  | フェーズ2 | フェーズ3 |  | 生起確率 | 損失 | リスク $p_i \times C_i$ |  |
|---|---|---|---|---|---|---|---|---|---|
| No | 0.90 |  |  |  | $p_1$ | 0.900 0 | 0 | 0.000 0 | U |
| Yes | 0.10 | パターン1 0.80 |  |  | $p_2$ | 0.080 0 | 1 | 0.080 0 | U |
|  | (0.60) | パターン2 0.15 | No 0.80 |  | $p_3$ | 0.012 0 | 20 | 0.240 0 | U |
|  | (0.30) |  | Yes 0.20 |  | $p_4$ | 0.003 0 | 120 | 0.360 0 | U |
|  |  | パターン3 0.05 | No 0.80 | No 0.90 | $p_5$ | 0.003 6 | 35 | 0.126 0 | U |
|  | (0.10) |  |  | Yes 0.10 | $p_6$ | 0.000 4 | 235 | 0.094 0 | U |
|  |  |  | Yes 0.20 | No 0.90 | $p_7$ | 0.000 9 | 135 | 0.121 5 | U |
|  |  |  |  | Yes 0.10 | $p_8$ | 0.000 1 | 335 | 0.033 5 | U |
|  |  |  |  | 計 | | 1.000 0 |  | 1.055 0 | U |

(b)

**図 4.11** 対策工 2(ソフト対策工)でのリスクの算定

 一方,図 4.11 に示す対策工 2 は,対策工 1 と異なり,直接斜面を補強するものではなく,路肩に防護工を設けることで,崩壊土塊が道路および住宅地域へ移動することを防ぐものである。なお,図 4.11 ではこの対策工をソフト対策工として示した。この対策工 2 では崩壊土塊の移動を防ぐことを目的としているため,図 4.11 に示す ET では,フェーズ 1 の各被害パターンの生起確率を変化させることにつながる。このため,図 4.11 に示すように,試算として各被害パターンの生起確率を,それぞれ括弧内に示す 0.60,0.30 および 0.10 から,0.80,0.15 および 0.05 へと変化させた場合には,

現状でのリスク 2.010 0 U は対策後に 1.055 0 U と低減されることになる。

以上の試算結果より,あくまでの仮想的な条件下ではあるが,対策工 1 と対策工 2 では,ほぼ同等のリスク低減効果が期待されることになる。

例題 4.2 に示すような ET を用いたリスク算定方法は,どの分岐確率を低減することが最も効果的であるかについて,明示的に感度分析を行うことが可能となることが特徴である。

〔2〕 **金融工学分野のリスク評価**　金融工学分野では,リスクは期待値からのはずれ量として定義されることが一般的である。具体的には,確率分布を表す指標である標準偏差 $\sigma$（分散 $\sigma^2$），あるいは VaR[14]（バリューアットリスク）が用いられる。

例えば,**図 4.12**（a）に示すように,二つの金融商品 $X_1$ および $X_2$ の予測価格の分布が,それぞれ $N(\mu_1, \sigma_1)$ および $N(\mu_2, \sigma_2)$ の正規分布に従うと仮定する。この場合のリスクを標準偏差と設定すれば,二つの金融商品 $X_1$ および $X_2$ は,図 4.12（b）に示すように,リスク-リターン（期待値）平面上での 2 点として表される。このようなリスク定義によって,金融商品 $X_2$ は $X_1$ よりもリターンが大きい反面,ハイリスクな商品として表される。

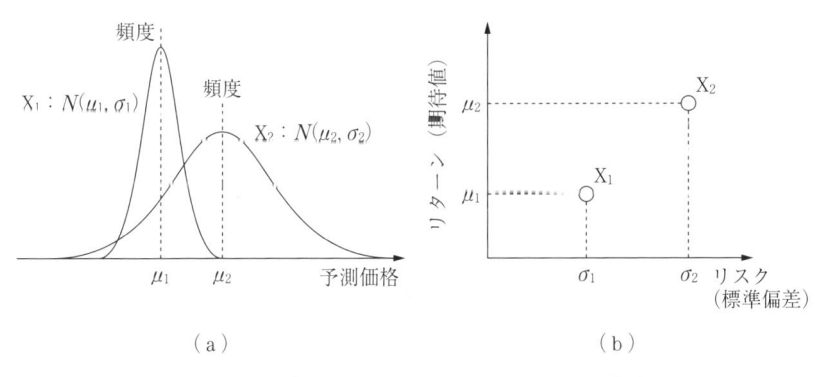

**図 4.12**　金融工学分野におけるリスクの表示方法

〔1〕で述べたように,現状での工学分野でのリスクとは,損失期待値として定義されることが一般的である。これは,いうまでもなく工学分野における

リスクに関する基本的な考え方が、金融工学と異なっていたことによるものである。

すなわち、金融工学においては、金融商品の変動が期待値（リターン）どおりであるならば誰にも損失は発生しないため、その期待値からのはずれ量がどの程度となるかが、そのリスク評価における最大の関心事である。

これに対して、これまでの工学分野においては、現状の機能が損なわれた場合には、どの程度の損失が発生するかが、そのリスク評価における最大の関心事であったと位置づけられる。

しかし、今後、工学をはじめとする他分野におけるリスク評価の精度についても議論していく上では、金融工学と同様に、従来の損失期待値に加えて、その期待値からのはずれ量についても検討を加えることが必要となるものと推察される。

### 例題 4.3

大航海時代において、ヨーロッパからインドへ船を派遣した場合、無事帰港すれば莫大な収益が得られたといわれている。しかし、悪天候あるいは海賊に遭遇するなどの要因により、帰港できない危険性も大であった。この課題に対処するために、船主保険が開発されたといわれる。

この船主保険をきわめて簡素化した事例を用いて、リスクについて考える。ここで、以下のような簡単な条件での船主保険を想定する。

（保険条件）
・1回の航海で帰港しない確率： $p=0.1$
・1回の航海での掛捨て保険の受取額： 1 000 U（Uは単位のユニット）

（1） この条件で手数料および保険主の利益をまったく考えないとした場合に、1回の航海での掛捨て保険料は理論上、いくらになるか算定せよ。

（2） （1）の保険条件の下で、1年間に船主が100回の航海を実施した場合に、つぎの2パターンが発生したとする。

- パターン1:　15回不帰港
- パターン2:　8回不帰港

上記のそれぞれのパターンでの船主および保険主の収益・損益を算定せよ．

**解答**

（1）上記の条件で，手数料および保険主の利益をまったく考えないとすると，船主の期待受取額 $E$ は，$E = 0.1 \times 1\,000\,\text{U} + 0.9 \times 0\,\text{U} = 100\,\text{U}$ と算定されることから，1回の航海での掛捨て保険料は 100 U と設定できる．

（2）パターン1およびパターン2での，船主および保険主の収益・損益は，表4.4に示すように算定される．

表4.4　船主および保険主の収益・損益計算

|  |  | 船　主 |  |  |  | 保険主 |  |  |  |
|---|---|---|---|---|---|---|---|---|---|
|  | 出費 | 100 | × | 100 | 10 000 | 収入 | 100 | × | 100 | 10 000 |
| パターン1<br>(15回不帰港) | 受取り | 1 000 | × | 15 | 15 000 | 支払い | 1 000 | × | 15 | 15 000 |
|  |  |  | 差引き | 5 000 |  |  | 差引き | -5 000 |
| パターン2<br>(8回不帰港) | 受取り | 1 000 | × | 8 | 8 000 | 支払い | 1 000 | × | 8 | 8 000 |
|  |  |  | 差引き | -2 000 |  |  | 差引き | 2 000 |

（単位：U）

いうまでもなく，当初設定した確率どおりに100回当り10回不帰港の場合には，船主および保険主ともに収益も損益も発生しない．しかし，不帰港の回数が10という設定回数からはずれる事態が発生することで，船主および保険主のいずれかが損益を被ることになる．

この期待値からはずれることで，損失を被ることをリスクと呼ぶようになったといわれる．これが，「リスクの定義は期待値からのはずれ量」と定義される所以であると考えられる．

推定された株価の変動幅を，何種類かの収益率が発生するシナリオに分類して，それぞれの発生確率を設定すると，株価の収益率に対する期待値 $\mu$（リターン）およびリスク $\sigma$（標準偏差）は，次式のように算定される．

$$\left.\begin{array}{l}\mu = \sum_i p_i r_i \\ \sigma = \sqrt{\sum_i p_i r_i^2 - \left(\sum_i p_i r_i\right)^2}\end{array}\right\} \quad (4.3)$$

ここに，$p_i$ は収益の変動がシナリオ $i$ となる確率，$r_i$ はシナリオ $i$ に対する収益率を表す．

つぎに，上記の金融工学分野のリスク評価の概念を，どのように建設分野の問題へ適用すればよいかを明らかにするために，簡易な事例として，**表4.5** に示す条件の建設プロジェクトにおける収益率のリスク評価を紹介する（なお，確率・統計の計算法は5.2.1項を参照）。建設プロジェクトは，土工，コンクリート工等のさまざまな工法により構成されている。これらの各工法に関して，一般にコンクリート工は当初見積りからの変動が少ないのに対して，土工はいわば掘ってみないとわからないという不確実性が高いために，当初見積りからの変動がかなり大きいことが知られている。この関係について，金融工学分野のリスク評価の概念を用いて表現することを試みる。

**表4.5** 工法別収益率のリスク評価

(a) コンクリート工

| シナリオ分類 | 確率 $p$ | 収益率 $r$〔％〕 | $pr$ | $pr^2$ |
|---|---|---|---|---|
| 楽観的シナリオ | 0.1 | 7.0 | 0.7 | 4.9 |
| 平均的シナリオ | 0.8 | 5.0 | 4.0 | 20.0 |
| 悲観的シナリオ | 0.1 | 3.0 | 0.3 | 0.9 |
| 計 | 1.0 | | 5.0 | 25.8 |

(b) 土工

| シナリオ分類 | 確率 $p$ | 収益率 $r$〔％〕 | $pr$ | $pr^2$ |
|---|---|---|---|---|
| 楽観的シナリオ | 0.3 | 30.0 | 9.0 | 270.0 |
| 平均的シナリオ | 0.4 | 10.0 | 4.0 | 40.0 |
| 悲観的シナリオ | 0.3 | -10.0 | -3.0 | 30.0 |
| 計 | 1.0 | | 10.0 | 340.0 |

例えば，コンクリート工および土工の収益率が，それぞれ表4.5に示すように予測されるものと仮定する．この問題では，それぞれの工種に対するリターンおよびリスクは，それぞれ次式のように算定される．

① コンクリート工のリターン $\mu_A$，および土工のリターン $\mu_B$

$$\mu_A = \sum_{i=1}^{3} p_{Ai} r_{Ai} = 0.1 \times 7.0 + 0.8 \times 5.0 + 0.1 \times 3.0 = 5.0$$

$$\mu_B = \sum_{i=1}^{3} p_{Bi} r_{Bi} = 0.3 \times 30.0 + 0.4 \times 10.0 + 0.3 \times (-10.0)$$

$$= 10.0$$

② コンクリート工のリスク $\sigma_A$、および土工のリスク $\sigma_B$

$$\sigma_A = \sqrt{25.8 - (5.0)^2} = 0.89$$

$$\sigma_B = \sqrt{340.0 - (10.0)^2} = 15.49$$

この算定結果を，リスク－リターン平面上にプロットした結果を**図 4.13** に示す．図より，この事例では，コンクリート工はローリスク・ローリターンな商品，一方，土工はハイリスク・ハイリターンな商品ととらえることができる．

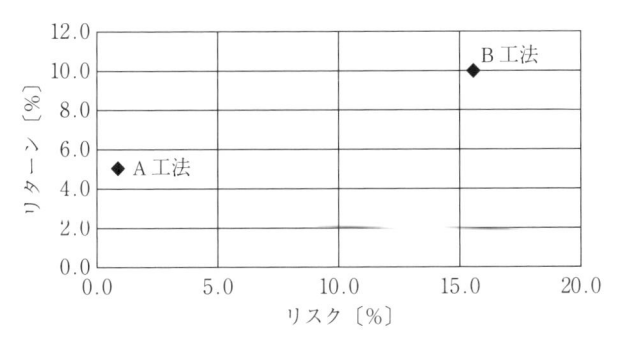

**図 4.13** コンクリート工（A 工法）および土工（B 工法）の
リスク－期待値平面上へのプロット結果

## 4.4 リスク対応

4.3 節で示した方法により，主要なリスク要因が抽出されたとすれば，その各要因にいかに対応策を立案するかが，リスクマネジメントにおいて最も重要な作業となる．

**リスク対応**（risk response）は，4.1 節で述べたように，リスクコントロールと，その一部を他者に転嫁するリスクファイナンスに大別される（**図 4.14**）．

```
リスク対応 ┬─ リスクコントロール
          │   リスク低減/減少
          │   ⇒ 追加調査・対策工
          │
          └─ リスクファイナンス
              リスク転嫁
              ⇒ 契約・保険
```

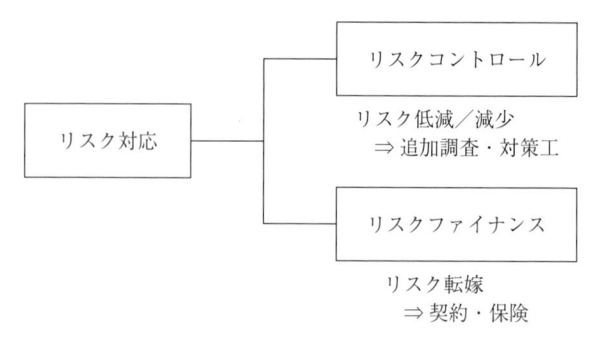

**図 4.14** リスク対応におけるリスクコントロールとリスクファイナンス

リスクコントロールの代表的な方策は，図 4.14 に示すように，**リスク低減/減少**（risk reduction あるいは risk mitigation）と呼ばれるものである。具体的には，4.3 節で示した方法により評価されたリスクを低減させるように，追加の調査あるいは対策を講じるものである。

一方，リスクファイナンスの代表的な方策は，4.3 節で示した方法により評価されたリスクについて，契約あるいは保険によりリスクの転嫁（**リスク転嫁**，risk transfer）を図るものである。なお，評価されたリスク自体がきわめて小さい場合には，そのリスクを意思決定者が吸収するという**リスク吸収**（risk absorption）と呼ばれる方策が想定される。ここで，リスク吸収においてはリスク自体の大きさは変化させないことから，この方策はリスクファイナンスの一つと解釈される。

以下に，リスクコントロールとリスクファイナンスの基本概念について示す。

### 4.4.1 リスクコントロール

リスクをコントロール（制御）する上での基本概念は，追加の調査あるいは対策を講じることで，現状のリスクを低減させることである。このため，追加の調査あるいは対策を講じることによる出費（投資）と，その出費によるリスクの低減量に関する費用対効果の議論が必要となる。

この考え方を明らかにするため，例題 4.2 を再度用いて解説する。

## 例題 4.4

**斜面崩壊リスクにおけるリスクコントロール**

例題4.2において評価した現状の斜面崩壊リスクに対して，**図4.15**の2種類の対策（ハード対策，ソフト対策）を想定した場合に，その費用対効果の観点からの得失について論ぜよ。

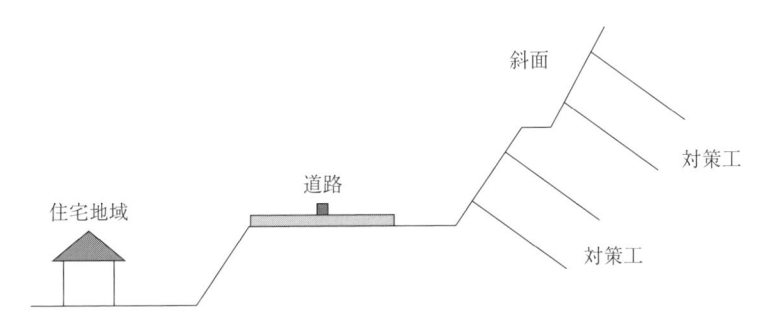

（a） 対策工1（対策工；ハード対策工）

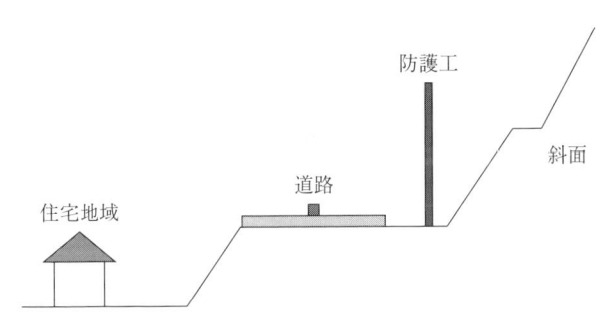

（b） 対策工2（防護工；ソフト対策工）

**図4.15** 斜面崩壊リスク低減のための対策工の事例

### 解答

対策工1（図4.15（a））は，斜面に対策工を講じることで，斜面の崩壊の発生自体をコントロールしようとする方策である。このため，**図4.16**のETに示すように，フェーズ1での崩壊の発生確率が，現状の$p=0.10$から$p=0.05$へと低減されるモデルを採用している。

|  | フェーズ1 |  | フェーズ2 | フェーズ3 |  | 生起確率 | 損失 | リスク $p_i \times C_i$ |  |
|---|---|---|---|---|---|---|---|---|---|
| No | 0.95 |  |  |  | $p_1$ | 0.9500 | 0 | 0.0000 | U |
|  | (0.90) | パターン1 |  |  |  |  |  |  |  |
| Yes | 0.05 | 0.60 |  |  | $p_2$ | 0.0300 | 1 | 0.0300 | U |
|  | (0.10) | パターン2 |  |  |  |  |  |  |  |
|  |  | 0.30 | No 0.80 |  | $p_3$ | 0.0120 | 20 | 0.2400 | U |
|  |  |  | Yes 0.20 |  | $p_4$ | 0.0030 | 120 | 0.3600 | U |
|  |  | パターン3 |  |  |  |  |  |  |  |
|  |  | 0.10 | No 0.80 | No 0.90 | $p_5$ | 0.0036 | 35 | 0.1260 | U |
|  |  |  |  | Yes 0.10 | $p_6$ | 0.0004 | 235 | 0.0940 | U |
|  |  |  | Yes 0.20 | No 0.90 | $p_7$ | 0.0009 | 135 | 0.1215 | U |
|  |  |  |  | Yes 0.10 | $p_8$ | 0.0001 | 335 | 0.0335 | U |
|  |  |  |  |  | 計 | 1.0000 |  | 1.0050 | U |

**図4.16** 対策工1(ハード対策工)でのリスク(損失期待値)の算定

これに対して,対策工2(図4.15(b))は,斜面の崩壊自体はコントロールせず,斜面が崩壊した後に被害を及ぼす土塊の移動を制御しようとするものである。このため,図4.17のETに示すように,フェーズ2(土塊の移動)での分岐確率について,パターン1・パターン2・パターン3の発生確率を,それぞれ0.60/0.30/0.10から0.80/0.15/0.05と変化させて,被害の拡大を低減させるものとモデル化している。

ここで,両対策の得失を定量的に比較するために,次式に示す**総コスト**(total cost)TCという概念を用いる。

$$TC = I + E_R \tag{4.4}$$

ここに,$I$は対策コスト,$E_R$は期待損失を表す。

つぎに,対策工1および対策工2の対策コストを,それぞれ$I_1$および$I_2$とする。このとき,例題4.2で示したように,対策後の期待損失$E_R$が,1.0050 Uと1.0550 Uとほとんど同じであることから,総コストTCの大小関係は,対策コスト$I_1$と$I_2$との比較に依存することになる。いうまでもなく,対策工1は大規模な工事を必要とするため,この2種類に対策工においては,$I_1 > I_2$の関係が成り立つことから,本例題では対策コスト$I_2$の選択が最適であると判断される。

## 4.4 リスク対応

| | フェーズ1 | | フェーズ2 | フェーズ3 | | 生起確率 | 損失 | リスク $p_i \times C_i$ | |
|---|---|---|---|---|---|---|---|---|---|
| No | 0.90 | | | | $p_1$ | 0.9000 | 0 | 0.0000 | U |
| | | パターン1 | | | | | | | |
| Yes | 0.10 | 0.80 | | | $p_2$ | 0.0800 | 1 | 0.0800 | U |
| | (0.60) | パターン2 | | | | | | | |
| | | 0.15 | No 0.80 | | $p_3$ | 0.0120 | 20 | 0.2400 | U |
| | (0.30) | | | | | | | | |
| | | | Yes 0.20 | | $p_4$ | 0.0030 | 120 | 0.3600 | U |
| | | パターン3 | | | | | | | |
| | | 0.05 | No | No 0.90 | $p_5$ | 0.00336 | 35 | 0.1260 | U |
| | (0.10) | | 0.80 | | | | | | |
| | | | | Yes 0.10 | $p_6$ | 0.0004 | 235 | 0.0940 | U |
| | | | Yes | No 0.90 | $p_7$ | 0.0009 | 135 | 0.1215 | U |
| | | | 0.20 | | | | | | |
| | | | | Yes 0.10 | $p_8$ | 0.0001 | 335 | 0.0335 | U |
| | | | | | 計 | 1.0000 | | 1.0550 | U |

**図4.17** 対策工2(ソフト対策工)でのリスク(損失期待値)の算定

上記の事例と同様に,リスクコントロールを選択する場合には,出費(投資)と,その出費によるリスクの低減量に関する費用対効果の議論が重要である。この際には,図4.18の模式図に示すような,式(4.4)の総コストTCを判定基準とした検討がなされることが一般的である。

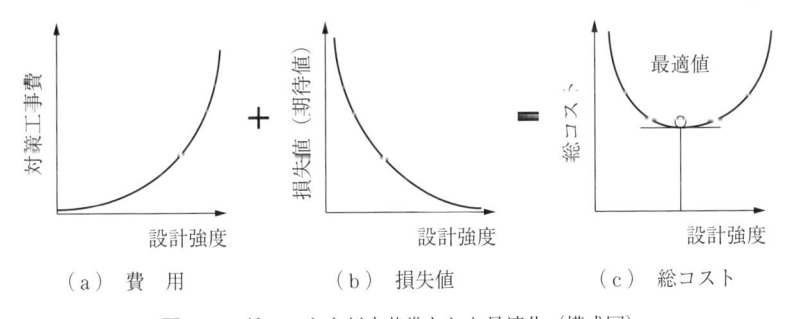

(a) 費用　　　　(b) 損失値　　　　(c) 総コスト

**図4.18** 総コストを判定基準とした最適化(模式図)

### 4.4.2 リスクファイナンス

一般的なリスクファイナンスに関し，プロジェクトでのリスク対応は，発生頻度と損失の大きさを考慮して**表**4.6に示すような方策に分類される。

**表**4.6  一般的なリスク対応の方策

| リスク\_発生頻度\_レベル | 非常に稀 | 稀 | 可能性あり | 起こりうる | 頻 繁 |
|---|---|---|---|---|---|
| 無視できる | 吸 収 | 吸 収 | 吸 収 | 吸 収 | 吸 収 |
| 小規模 | 吸 収 | 吸 収 | 一部保険 | 一部保険 | 一部保険 |
| 中程度 | 吸 収 | 一部保険 | 保 険 | 保 険 | 保 険 |
| 大規模 | 保 険 | 保 険 | 保 険 | 保 険 | 保 険 |
| 甚 大 | 保 険 | 保 険 | 中 止 | 中 止 | 中 止 |

表4.6に示すように，リスクレベルが低い場合には，リスク吸収が選択されるが，リスクレベルが大きくなるにつれて，保険による対応，すなわちリスク転嫁が図られるようになる。そして，リスクレベルが甚大になれば，そのプロジェクトは中止あるいは棄却されることになる。

なお，表4.6においては，リスクファイナンスのうち，契約による**リスク分配**（risk allocation）あるいはリスク転嫁については言及していない。この契約によるリスク対応については，6章で解説を加えるものとする。

## 演 習 問 題

〔4.1〕 現在東南アジアに代表される開発途上国では，経済のグローバル化に伴い外国資本の導入が不可欠の課題となっている。この場合，忘れてはならないことは，投資を行う外国資本の会社の駐在員を受け入れることである。一般に，欧米人は開発途上国に駐在する場合にも，自国との同等の生活水準を要求することが多い。

以上のことを踏まえ，欧米人の駐在員が生活する上で要求すると考えられる代表的な事項について述べよ。

〔4.2〕 図4.3および図4.4に示した円借款プロジェクトの事後評価結果に基づくリスク要因の抽出結果において，発生頻度が最も高いリスク要因である，「複雑な許

## 演 習 問 題

認可過程」の具体的な事例について考察せよ．

〔**4.3**〕 海外建設プロジェクトにおけるリスク要因について理解を深めるために，引用・参考文献15）のホームページに掲載されている事業評価年次報告書を参照して，リスク要因を分析せよ．

〔**4.4**〕 A子さんは，大学受験を迎えている．模擬試験の結果から，以下のような情報が与えられているとする．

- 第1希望B大学の合格判定率：0.2
- 第2希望C大学の合格判定率：0.5

また，受験の手順・方針は，以下のとおりである．

- 受験の順番は，C大学が先で，その後がB大学である．
- C大学が不合格でもB大学を受験する．
- C大学およびB大学とも不合格ならば，自宅浪人をする．
- B大学およびC大学の入学料は，それぞれ30万円および100万円である．

なお，自宅浪人の場合には出費はないものとする．

これらの条件の下で，つぎの設問に答えよ．

（1） A子さんが，B大学に進学する確率$p_B$，およびC大学に進学する確率$p_C$を算定せよ．

（2） 両親はA子さんの大学受験に対していくらのお金を用意すればよいかの戦略について述べよ．ただし，受験料は簡単のため無料と仮定する．また，この戦略を立案する上で，出費の期待値を算定し考察を加えること．

# 5章 リスク評価のための確率・統計解析

### ◆本章のテーマ

　本章では，プロジェクトマネジメントの中核となるリスク評価の入門編として，確率・統計の基本事項およびリスク評価の基本概念について解説する。

　昨今，確率・統計を理解するのが難しいという声が多い。本章では，この声に応え，できるだけ多くの読者の理解を得ることを目的に，簡単な評価事例の解法に対してExcelを用いて作成した計算表を併せて示した。さらに，モンテカルロ法（Monte Carlo method）を用いた生起確率算定法の近似解法であるモンテカルロシミュレーション（Monte Carlo simulation）について基本的知識を与えるとともに，Excelを用いた解析方法を示す。

### ◆本章の構成（キーワード）

5.1　概　説
　　　　期待値，標準偏差，金融工学
5.2　確率・統計の基本知識
　　　　確率変数，確率密度関数，共分散，相関係数
5.3　生起確率の算定方法
　　　　性能関数，信頼性解析，信頼性指標
5.4　モンテカルロシミュレーションによる近似解法
　　　　モンテカルロシミュレーション，乱数，一様乱数

### ◆本章を学ぶと以下の内容をマスターできます

☞　Excelを用いた確率算定の基本的知識
☞　Excelを用いたモンテカルロシミュレーションの基本的知識

## 5.1 概　　説

　リスク評価の基本は，リスクを定性的ではなく定量的に計量することである。このため，リスク解析について勉強するためには，多少，数学的な知識を必要とする。

　4.3.2項で述べたようにリスク $R$ を計量化して表現する方法としては，つぎのようなものがある。

　① 工学分野での定義

$$R = p \times C \tag{5.1}$$

　ここに，$p$ はある事象の生起（発生）確率，その事象の発生に伴う $C$ は損失を表す。

　　いうまでもなく，式(5.1)は数学的には期待値を表し，この場合のリスクは損失期待値と呼ばれるものである。

　② 経済学／金融工学での定義

$$R = \sigma \tag{5.2}$$

　ここに，$\sigma$ は標準偏差を表す。

　①，②のいずれの定義を用いるとしても，リスク $R$ を測るためには，確率・統計の知識が必要となる。

　日本では確率・統計については，あまり一般的でない，あるいは難しいという意見が多いが，リスクについてある程度のレベルまで勉強するのであれば，慣れるのにそんなに多くの知識を必要としない。また，最近のパソコンの性能の向上に伴って，Excelを使ってもかなりのことができるようになってきている。

　このため本章では，リスク評価の入門編として，確率・統計の基本的知識を与え，簡単な事例を用いてリスク評価の基本概念を示すとともに，確率・統計の基本事項について理解を深めるため，できるだけExcelを用いた計算表を併せて示す。

## 5.2 確率・統計の基本的知識

まず，リスク解析に必要となる確率・統計の基本的知識を示すが，読者の理解を得るためにできるだけ工学的な問題を事例として取り上げる。そのため，できるだけ使いやすいという観点から説明を加える。

### 5.2.1 離散量に関する知識

〔1〕 **期待値・標準偏差（分散）**　確率量は，離散量と連続量のいずれでも表現可能ですが，ここではまず初めに離散量を取り扱う。確率・統計の基本は，その代表値として用いられる**期待値**（expectation）と**標準偏差**（standard deviation）を求めることである。離散量に対する期待値と標準偏差は，それぞれつぎのように定義される。

$$\left. \begin{array}{l} \mu = \mathrm{E}[x] = \sum_i p_i x_i \\ \sigma = \sqrt{\mathrm{VAR}[x]} = \sqrt{\sum_i p_i x_i^2 - \left(\sum_i p_i x_i\right)^2} \end{array} \right\} \quad (5.3)$$

ここに，$\mu$ は期待値，$\sigma$ は標準偏差を表す。また，$p_i$ は事象 $i$ が発生する確率，$x_i$ は事象 $i$ が発生した場合の値を表す。さらに，$\mathrm{E}[x]$，$\mathrm{VAR}[x]$ は，それぞれ $x$ に対する期待値および分散を表す記号である。

なお，標準偏差 $\sigma$ は，次式のように誘導される。

$$\begin{aligned} \sigma &= \sqrt{\mathrm{E}[(x-\mu)(x-\mu)]} = \sqrt{\mathrm{E}[x^2] - 2\mu \mathrm{E}[x] + \mu^2} \\ &= \sqrt{\mathrm{E}[x^2] - \mu^2} \quad (\because \ \mathrm{E}[x] = \mu) \end{aligned} \quad (5.4)$$

ただし

$$\mathrm{E}[x] = \sum_i p_i x_i, \quad \mathrm{E}[x^2] = \sum_i p_i x_i^2$$

であることに注意すれば，次式のようになる。

$$\sigma = \sqrt{\sum_i p_i x_i^2 - \left(\sum_i p_i x_i\right)^2} \quad (5.5)$$

上記の数式を，つぎの身近な問題に置き換えて考えてみよう。

## 例題 5.1

例えば、二つのプロジェクト（プロジェクト A および B）の収益率が、それぞれ**表 5.1** に示すように予測されたとする。このとき、プロジェクト A, B それぞれに対する収益率の期待値および標準偏差を算定せよ。

**表 5.1** 各プロジェクトに想定される収益率

（a） プロジェクト A

| シナリオ分類 | 確率 $p$ | 収益率 $r$〔%〕 |
|---|---|---|
| 楽観的シナリオ | 0.2 | 5.0 |
| 平均的シナリオ | 0.6 | 3.0 |
| 悲観的シナリオ | 0.2 | 1.0 |
| 計 | 1.0 | |

（b） プロジェクト B

| シナリオ分類 | 確率 $p$ | 収益率 $r$〔%〕 |
|---|---|---|
| 楽観的シナリオ | 0.3 | 40.0 |
| 平均的シナリオ | 0.4 | 10.0 |
| 悲観的シナリオ | 0.3 | −20.0 |
| 計 | 1.0 | |

### 解答

プロジェクト A, B それぞれに対する収益率の期待値および標準偏差は、つぎのように算定される（**表 5.2** 参照）。

① プロジェクト A の収益率の期待値 $\mu_A$, およびプロジェクト B の収益率の期待値 $\mu_B$

$$\left.\begin{aligned}
\mu_A &= \sum_{i=1}^{3} p_{Ai} r_{Ai} \\
&= 0.2 \times 5.0 + 0.6 \times 3.0 + 0.2 \times 1.0 = 3.0 \\
\mu_B &= \sum_{i=1}^{3} p_{Bi} r_{Bi} \\
&= 0.3 \times 40.0 + 0.4 \times 10.0 + 0.3 \times (-20.0) = 10.0
\end{aligned}\right\} \quad (5.6)$$

**表 5.2** 各プロジェクトの収益率の期待値と標準偏差の算定

（a） プロジェクト A

| シナリオ分類 | 確率 $p$ | 収益率 $r$〔%〕 | $pr$ | $pr^2$ |
|---|---|---|---|---|
| 楽観的シナリオ | 0.2 | 5.0 | 1.0 | 5.0 |
| 平均的シナリオ | 0.6 | 3.0 | 1.8 | 5.4 |
| 悲観的シナリオ | 0.2 | 1.0 | 0.2 | 0.2 |
| 計 | 1.0 | | 3.0 | 10.6 |

（b） プロジェクト B

| シナリオ分類 | 確率 $p$ | 収益率 $r$〔%〕 | $pr$ | $pr^2$ |
|---|---|---|---|---|
| 楽観的シナリオ | 0.3 | 40.0 | 12.0 | 480.0 |
| 平均的シナリオ | 0.4 | 10.0 | 4.0 | 40.0 |
| 悲観的シナリオ | 0.3 | −20.0 | −6.0 | 120.0 |
| 計 | 1.0 | | 10.0 | 640.0 |

② プロジェクト A の収益率の標準偏差 $\sigma_A$，およびプロジェクト B の収益率の標準偏差 $\sigma_B$

$$\left. \begin{array}{l} \sigma_A = \sqrt{10.6 - (3.0)^2} = 1.26 \\ \sigma_B = \sqrt{640.0 - (10.0)^2} = 23.24 \end{array} \right\} \tag{5.7}$$

なお，式 (5.2) に示した金融工学の定義では，式 (5.7) に示す標準偏差はリスクと定義され，式 (5.6) に示す期待値はリターンと定義される。

したがって，この事例での算定結果を，リスク-リターン平面上にプロットすると図 5.1 が得られる。この事例では，プロジェクト A はローリスク・ローリターンなプロジェクト，一方，プロジェクト B はハイリスク・ハイリターンなプロジェクトととらえることができる。

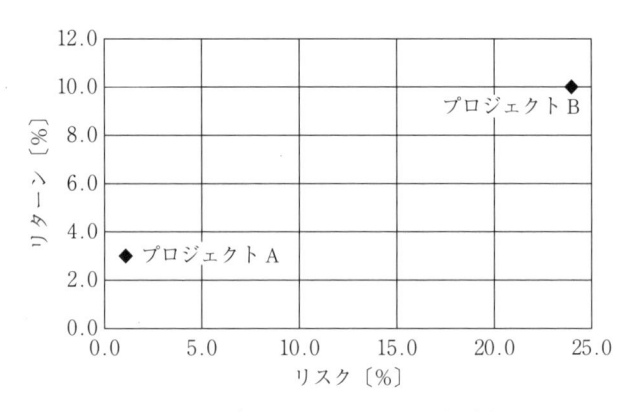

図 5.1 プロジェクト A および B の収益率のリスク-リターン平面上へのプロット結果

このように，身近な工学的問題に対して式 (5.3) ～ (5.7) に示す関係を用いることで，容易に離散量に対する期待値と標準偏差が計算できることになる。

〔2〕 **確率変数の演算**　〔1〕で示したように，収益率がある期待値と標準偏差（分散）を有する確率量として表現される場合，その量は数学的には**確率変数**（random variable）と呼ばれる。

ここで，二つの確率変数 $X_1$，$X_2$ の線形結合式 $Z = aX_1 + bX_2 + C$ ($a$, $b$, $c$ は定数) を考えると，その期待値 $\mu_z$ および分散 $\sigma_z^2$ は，それぞれつぎのように

## 5.2 確率・統計の基本的知識

与えられる。

$$\left.\begin{aligned}\mu_z &= \mathrm{E}[aX_1 + bX_2 + C] = a\mathrm{E}[X_1] + b\mathrm{E}[X_2] + c \\ \sigma_z^2 &= \mathrm{VAR}[aX_1 + bX_2 + C] \\ &= a^2\mathrm{VAR}[X_1] + b^2\mathrm{VAR}[X_2] + 2ab\mathrm{COV}[X_1, X_2]\end{aligned}\right\} \quad (5.8)$$

ここに，$\mathrm{E}[X_i]$ は $X_i$ に対する期待値を表す記号，$\mathrm{VAR}[X_i]$ は $X_i$ に対する分散を表す記号，$\mathrm{COV}[X_i, X_j]$ は $X_i$ と $X_j$ の共分散を表す記号である。

なお，分散 $\sigma_z^2$ はつぎのように誘導される。

$$\begin{aligned}&\mathrm{VAR}[aX_1 + bX_2 + c] \\ &= \mathrm{E}\big[\big((aX_1 + bX_2 + c) - \mathrm{E}[aX_1 + bX_2 + c]\big) \cdot \mathrm{E}\big((aX_1 + bX_2 + c) \\ &\quad - \mathrm{E}[aX_1 + bX_2 + c]\big)\big] \\ &= \mathrm{E}\big[a(X_1 - \mathrm{E}[X_1]) + b(X_2 - \mathrm{E}[X_2])\big) \cdot \mathrm{E}\big(a(X_1 - \mathrm{E}[X_1]) \\ &\quad + b(X_2 - \mathrm{E}[X_2])\big)\big] \\ &= a^2\mathrm{E}[X_1 - \mathrm{E}[X_1]] \cdot \mathrm{E}[X_1 - \mathrm{E}[X_1]] + b^2\mathrm{E}[X_2 - \mathrm{E}[X_2]] \cdot \mathrm{E}[X_2 - \mathrm{E}[X_2]] \\ &\quad + 2ab\mathrm{E}[X_1 - \mathrm{E}[X_1]] \cdot \mathrm{E}[X_2 - \mathrm{E}[X_2]] \\ &= a^2\mathrm{VAR}[X_1] + b^2\mathrm{VAR}[X_2] + 2ab\mathrm{COV}[X_1, X_2] \end{aligned} \quad (5.9)$$

ここで，共分散は本来，二つの確率変数の相関性を表すもので，共分散 $\mathrm{COV}[X_1, X_2]$ はつぎのように誘導される。

$$\begin{aligned}\mathrm{COV}[X_1, X_2] &= \mathrm{E}\big[(X_1 - \mathrm{E}[X_1])(X_2 - \mathrm{E}[X_2])\big] \\ &= \mathrm{E}[X_1 X_2] - \mathrm{E}[X_1] \cdot \mathrm{E}[X_2]\end{aligned} \quad (5.10)$$

ただし

$$\mathrm{E}[X_1] = \sum_i p_i X_{1i}, \qquad \mathrm{E}[X_2] = \sum_i p_i X_{2i}$$

$$\mathrm{E}[X_1 X_2] = \sum_i p_i X_{1i} X_{2i}$$

であることに注意すれば，次式のようになる。

$$\text{COV}[X_1, X_2] = \sum_i p_i X_{1i} X_{2i} - \left(\sum_i p_i X_{1i}\right) \cdot \left(\sum_i p_i X_{2i}\right) \tag{5.11}$$

なお，共分散のそれ自身の物理的な意味を理解することは難しいといえる。このため，共分散は次式のように相関係数 $\rho_{12}$ を介して，二つの確率変数の相関性を表現するために用いられることが一般的である。

$$\rho_{12} = \frac{\text{COV}[X_1, X_2]}{\sqrt{\text{VAR}[X_1]}\sqrt{\text{VAR}[X_2]}} \tag{5.12}$$

ここで，変動係数 $\rho_{12}$ は $-1$ から $+1$ の間の値をとる。変動係数 $\rho_{12}$ の代表値となる $-1.0$，$0.0$，$+1.0$ の場合には，二つの確率変数の相関性はそれぞれ以下のように呼ばれる。

① 変動係数 $\rho_{12} = +1.0$ ； 正の完全相関
② 変動係数 $\rho_{12} = 0.0$ ； 独立
③ 変動係数 $\rho_{12} = -1.0$ ； 負の完全相関

つぎに，変動係数 $\rho_{ij}$ の物理的な意味を考えるために，式 (5.12) を，次式のベクトル $\vec{a}$ と $\vec{b}$ の内積の式と対応させる。

$$\cos\theta = \frac{\vec{a} \cdot \vec{b}}{|\vec{a}||\vec{b}|} \tag{5.13}$$

ここで，$\vec{a} \cdot \vec{b}$ は $\vec{a}$ と $\vec{b}$ の内積，$\theta$ は $\vec{a}$ と $\vec{b}$ のなす角を表す。

いうまでもなく，$\cos\theta$ は $-1.0$ から $+1.0$ の間の値となる。そして，代表値となる $-1.0$，$0.0$，$+1.0$ の場合には，ベクトル $\vec{a}$ と $\vec{b}$ のなす角 $\theta$（$0 \leqq \theta \leqq \pi$）はそれぞれ以下のようになる。

① $\cos\theta = +1.0$ ； $\theta = 0$（同方向）
② $\cos\theta = 0.0$ ； $\theta = \frac{\pi}{2}$（直交）
③ $\cos\theta = -1.0$ ； $\theta = \pi$（逆方向）

つまり，変動係数 $\rho_{12}$ と $\theta$ を関連づけると，①〜③ はそれぞれ二つの確率変数について，正の完全相関とは二つの変数が同方向，独立とは二つの変数が直交，負の完全相関とは二つの変数が逆方向に対応するととらえることができる。

## 例題 5.2

表 5.3 に示す二つのプロジェクト A,B の収益率を用いて,プロジェクト A と B の共分散と相関係数を求めよ。

表 5.3 各プロジェクトの収益率

| シナリオ分類 | 確率 $p$ | プロジェクト A 収益率 $r_1$〔%〕 | プロジェクト B 収益率 $r_2$〔%〕 |
|---|---|---|---|
| シナリオ 1 | 0.1 | 7.0 | $-10.0$ |
| シナリオ 2 | 0.2 | 5.0 | $-5.0$ |
| シナリオ 3 | 0.4 | 3.0 | 0.0 |
| シナリオ 4 | 0.2 | 1.5 | 10.0 |
| シナリオ 5 | 0.1 | 1.0 | 20.0 |

### 解答

この問題では,プロジェクト A と B の収益率の共分散および相関係数は,それぞれつぎのように算定される(表 5.4 参照)。

① プロジェクト A の収益率の標準偏差 $\sigma_1$,およびプロジェクト B の収益率の標準偏差 $\sigma_2$

$$\left.\begin{array}{l}\sigma_1 = \sqrt{14.05 - (3.3)^2} = 1.8 \\ \sigma_2 = \sqrt{75.0 - (2.0)^2} = 8.4\end{array}\right\} \quad (5.14)$$

② プロジェクト A と B の収益率の共分散 $\text{COV}[X_1, X_2]$

$$\text{COV}[X_1, X_2] = (-7.0) - 3.3 \times 2.0 = -13.6 \quad (5.15)$$

③ プロジェクト A と B の収益率の相関係数 $\rho_{12}$

表 5.4 プロジェクト A と B の収益率の共分散および相関係数の算定

| シナリオ分類 | 確率 $p$ | プロジェクト A 収益率 $r_1$〔%〕 | プロジェクト B 収益率 $r_2$〔%〕 | $pr_1$ | $pr_2$ | $pr_1r_2$ | $pr_1r_1$ | $pr_2r_2$ |
|---|---|---|---|---|---|---|---|---|
| シナリオ 1 | 0.1 | 7.0 | $-10.0$ | 0.7 | $-1.0$ | $-7.0$ | 4.90 | 10.0 |
| シナリオ 2 | 0.2 | 5.0 | $-5.0$ | 1.0 | $-1.0$ | $-5.0$ | 5.00 | 5.0 |
| シナリオ 3 | 0.4 | 3.0 | 0.0 | 1.2 | 0.0 | 0.0 | 3.60 | 0.0 |
| シナリオ 4 | 0.2 | 1.5 | 10.0 | 0.3 | 2.0 | 3.0 | 0.45 | 20.0 |
| シナリオ 5 | 0.1 | 1.0 | 20.0 | 0.1 | 2.0 | 2.0 | 0.10 | 40.0 |
| 計 | 1.0 | | | 3.3 | 2.0 | $-7.0$ | 14.05 | 75.0 |

$$\rho_{12} = \frac{-13.6}{1.8 \times 8.4} = -0.90 \qquad (5.16)$$

■

つぎに，実際のプロジェクトを想定した問題を考える．二つのプロジェクトA，Bを考え，プロジェクトAの収益率の期待値および標準偏差をそれぞれ $\mu_1$, $\sigma_1$, プロジェクトBの収益率の期待値および標準偏差をそれぞれ $\mu_2$, $\sigma_2$, プロジェクトAとBの相関係数を $\rho$，プロジェクトAとBへの投資配分を $\alpha : (1-\alpha)$ とおく．

この二つのプロジェクトへ分散して投資する場合の収益の期待値および標準偏差は，式 (5.8) を用いて，次式のように表される．

期待値： $\mu = \alpha\mu_1 + (1-\alpha)\mu_2$ （5.17）

標準偏差： $\sigma = \sqrt{\alpha^2 \sigma_1^2 + (1-\alpha)^2 \sigma_2^2 + 2\alpha(1-\alpha)\rho\sigma_1\sigma_2}$ （5.18）

この関係は，プロジェクトAとBの相関係数 $\rho$ について5種類（1.0，0.5，0.0，-0.5，-1.0）の値を代入すると，それぞれ図5.2に示すような関係が得られる．いうまでもなく，この図は，二つの資産に分散投資をする場合の収益率の変動（ポートフォリオ）の関係を示すものである．

図5.2に示す，投資配分 $\alpha$ を0から1まで変化させた場合のポートフォリ

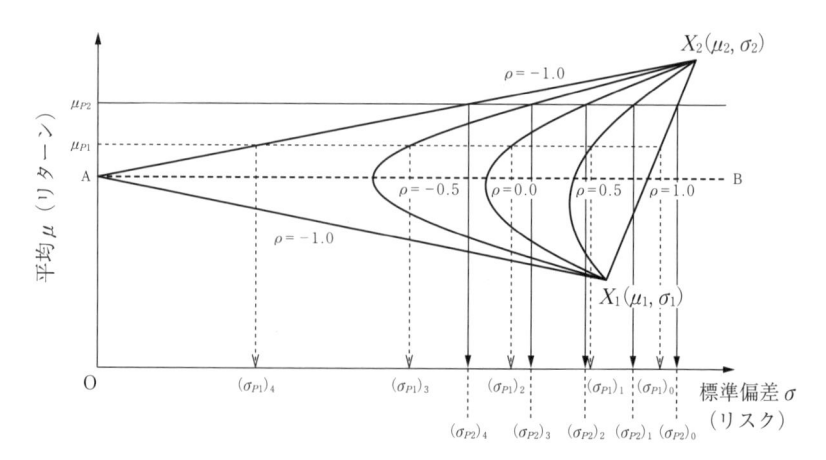

図5.2 二つのプロジェクトA, Bに分散投資した場合の収益率の変動（模式図）

オのリスク-リターン関係は，以下のように要約される．

① 二つのプロジェクト間の相関係数 $\rho$ が減少するにつれて，リスクとリターンの関係は変化する．

② 所定のリターン $\mu_{P1}$ を設定した場合に，相関係数 $\rho$ が小さい資産を組み合わせることにより，図 5.2 の $(\sigma_{P1})_0$ から $(\sigma_{P1})_4$ の関係に見られるようにリスクは減少する．つまりこの関係が，投資を分散させることで危険分散を図ることに相当する．

③ 所定のリターンを $\mu_{P1}$ から $\mu_{P2}$ に上昇させると，図 5.2 の $(\sigma_{P1})_i$ と $(\sigma_{P2})_i$ の関係に見られるように，いずれの相関係数 $\rho$ の場合にもリスク，リターンはともに増加する．この変化は，投資におけるハイリスク・ハイリターン，ローリスク・ローリターンの関係を表している．

### 5.2.2 連続量に関する知識

引き続いて連続量の**確率密度関数**（probabilistic density function，**PDF**）の代表事例として，**正規分布**（normal distribution）について取り扱う．

〔1〕**正 規 分 布**　正規分布の確率密度関数は，次式のように表される．

$$f(x) = \frac{1}{\sigma\sqrt{2\pi}} \exp\left[-\frac{1}{2}\left(\frac{x-\mu}{\sigma}\right)^2\right] \tag{5.19}$$

ここに，$\mu$ は平均，$\sigma$ は標準偏差を表す．式 (5.19) の関係で，平均 $\mu = 0$ で標準偏差 $\sigma = 1.0$ の場合は，標準正規分布と呼ばれる．この正規分布は，Excel を用いて以下のように計算される．

まず，Excel のワークシートを開き，メニューバーの「挿入」から「関数」をクリックして NORMDIST という関数を選ぶ．この関数は，NORMDIST（$x$ のセル番号，平均，標準偏差，関数形式）という形式をとる．ここで，括弧内の「関数形式」には，確率密度関数ならば「FALSE」，**累積分布関数**（cumulative distribution function，**CDF**）ならば「TRUE」を入れる．

では，実際に式 (5.19) に示す正規分布を計算する．**表** 5.5 に示すように，$x$ の値を表に入力する．そして，$-3.0$ の横の確率密度関数と累積分布関数のそ

れぞれのセル（セル番号 B2, C2）に，コメントに示すように NORMDIST（$x$ のセル番号，平均，標準偏差，関数形式）の内容を入力する。**表 5.6** は，平均 $\mu = 0$，標準偏差 $\sigma = 1.0$ の場合の計算結果である。

**表 5.5** NORMDIST（$x$ のセル番号，平均，標準偏差，関数形式）の入力方法

|   | A | B | C |
|---|---|---|---|
| 1 | $x$ | 確率密度関数 | 累積分布関数 |
| 2 | −3.0 | ・ | ・ |
| ・ | ・ | ・ | ・ |
| ・ | ・ | ・ | ・ |
| ・ | 0.0 | ・ | ・ |
| ・ | ・ | ・ | ・ |
| ・ | 3.0 | ・ | ・ |

A, B, C, …，および 1, 2, …, はセル番号を表す。

NORMDIST（A2, 0, 1, FALSE）
A2 はセル番号を表す。

**表 5.6** 正規分布の計算結果（平均 $\mu = 0$，標準偏差 $\sigma = 1.0$）

| $x$ | 確率密度関数 | 累積分布関数 |
|---|---|---|
| −3.0 | 0.004 431 848 | 0.001 349 898 |
| −2.0 | 0.053 990 967 | 0.022 750 132 |
| −1.0 | 0.241 970 725 | 0.158 655 254 |
| 0.0 | 0.398 942 28 | 0.500 000 000 |
| 1.0 | 0.241 970 725 | 0.841 344 746 |
| 2.0 | 0.053 990 967 | 0.977 249 868 |
| 3.0 | 0.004 431 848 | 0.998 650 102 |

### 例題 5.3

Excel を用いて，上記の手順を表 5.5 に示すように変数 $x$ の値を −2.0 〜 4.0 の範囲で繰り返すことで，平均が −1.0，標準偏差が 1.0 の正規分布の計算をした表を示せ。

#### 解答

ここで，式（5.19）に示した関係について，もう一度確認する。

表 5.6 に示した確率密度関数は，次式（式（5.19）と同じ）に，平均 $\mu = 0$，標準偏差 $\sigma = 1.0$ を代入した結果を表すものである。

## 5.2 確率・統計の基本的知識

$$f(x) = \frac{1}{\sigma\sqrt{2\pi}} \exp\left[-\frac{1}{2}\left(\frac{x-\mu}{\sigma}\right)^2\right] \tag{5.20}$$

一方，表5.6に示した累積分布関数 $p(x)$ は，次式のように式 (5.20) を積分した値を示すものである。

$$\left.\begin{array}{l} p(x) = \int_{-\infty}^{x} \dfrac{1}{\sigma\sqrt{2\pi}} \exp\left[-\dfrac{1}{2}\left(\dfrac{X-\mu}{\sigma}\right)^2\right] dX \\ \text{ただし，} \int_{-\infty}^{+\infty} \dfrac{1}{\sigma\sqrt{2\pi}} \exp\left[-\dfrac{1}{2}\left(\dfrac{X-\mu}{\sigma}\right)^2\right] dX = 1 \end{array}\right\} \tag{5.21}$$

式 (5.21) より，いうまでもなく，累積分布関数 $p(x)$ は，変数 $x$ が $-\infty$ から $x$ までの区間で確率密度関数 $f(x)$ と水平軸で囲まれる図形の面積を算定するものであり，$-\infty$ から $+\infty$ の区間で累積確率は1となる。

一般的に，確率変数 $X$ が $N(-1.0, 1.0)$ （ただし，$N(a, b)$ は，平均 $a$，標準偏差 $b$ の正規分布を表す）のような場合には，**表5.7**に示すように，変数を正規化した変数 $X^*(=(x-\mu)/\sigma)$ を用いて正規確率関数 $\Phi$（Excel の関数では，NORMSDIST）を算定することができる。なお，正規確率関数 $\Phi$ は，確率密度関数が対称形であるため，以下の関係が成り立つ。

$$\Phi(3.0) = 1 - \Phi(-3.0), \quad \Phi(2.0) = 1 - \Phi(-2.0), \quad \Phi(1.0) = 1 - \Phi(-1.0)$$

**表5.7** Excel の利用方法

|   | A | B $X^* = \dfrac{x-\mu}{\sigma}$ | C $\Phi(X^*)$ |
|---|---|---|---|
| 1 | $x$ |  |  |
| 2 | -2.0 | -3.0 | 0.001 349 9 |
| 3 | -1.0 | -2.0 | 0.022 750 1 |
| 4 | 0.0 | -1.0 | 0.158 655 3 |
| 5 | 1.0 | 0.0 | 0.500 000 0 |
| 6 | 2.0 | 1.0 | 0.841 344 7 |
| 7 | 3.0 | 2.0 | 0.977 249 9 |
| 8 | 4.0 | 3.0 | 0.998 650 1 |

NORMSDIST（B2）
B2はセル番号を表す。

表5.7に示すように，任意の平均と標準偏差を与えることで，いろいろな正規分布を設定することができるとともに，その正規分布に従う変数で，ある値 $x$ が発生する確率を算定することができる。

〔2〕 **正規分布を用いた簡単な確率変数の演算**　正規分布の作り方がわかったところで，つぎに〔1〕で示したような正規分布に従う確率変数の簡単な線形結合式の特性について考える。

ここで，$X$ と $Y$ という二つの確率変数を考える。例えば，$X$ と $Y$ が以下のような正規分布に従うと仮定する。

$$X \sim N(-1.0, 0.5), \quad Y \sim N(1.0, 1.0) \tag{5.22}$$

ここで，前述のように，$N(a, b)$ は平均 $a$，標準偏差 $b$ の正規分布を表す記号である。

式 (5.22) に示す関係の $X$ と $Y$ という二つの確率変数の確率密度関数は，表5.6に示す手順に従って，**図**5.3に示すように求められる。

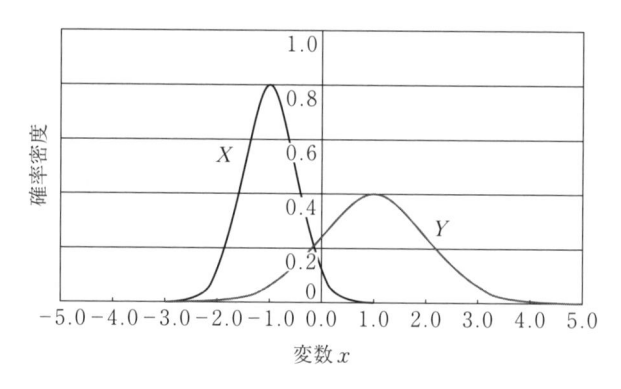

**図**5.3　確率変数 $X$, $Y$ の確率密度関数

図5.3のとおり，標準偏差は $X$ に比べて $Y$ のほうが大きいので，確率密度関数が裾広がりになることが容易に理解できる。

### 例題5.4

式 (5.22) および図5.3に示す確率変数 $X$ および $Y$ を用いた以下の線形結合式の確率密度関数を，Excel を用いて計算するとともに図示せよ。ただし，$X$ と $Y$ は独立とする。

　　関数1：　$2X+Y$

　　関数2：　$Y-X$

#### 解答

式 (5.8) に示した関係から，関数 1 および関数 2 の平均，標準偏差は，それぞれつぎのように算定される。

① 関数 1 の平均，標準偏差

平均：$\mu_1 = \mathrm{E}[2X+Y] = 2\mathrm{E}[X] + \mathrm{E}[Y] = 2\times(-1.0) + 1.0 = -1.0$

標準偏差：$\sigma_1 = \sqrt{\mathrm{VAR}[2X+Y]} = \sqrt{2^2 \cdot \mathrm{VAR}[X] + \mathrm{VAR}[Y]}$
$= \sqrt{4\times(0.5)^2 + 1.0} = \sqrt{2} = 1.414$

したがって，関数 1 は $N(-1.0,\ 1.414)$ の正規分布に従うことになる。

② 関数 2 の平均，標準偏差

平均：$\mu_2 = \mathrm{E}[Y-X] = \mathrm{E}[Y] - \mathrm{E}[X] = 1.0 - (-1.0) = 2.0$

標準偏差：$\sigma_2 = \sqrt{\mathrm{VAR}[Y-X]} = \sqrt{\mathrm{VAR}[Y] + (-1)^2 \cdot \mathrm{VAR}[X]}$
$= \sqrt{1.0 + (0.5)^2} = \sqrt{1.25} = 1.118$

したがって，関数 2 は $N(2.0,\ 1.118)$ の正規分布に従うことになる。

以上の結果から，図 5.4 に示すように関数 1 および関数 2 の確率密度関数が描ける。

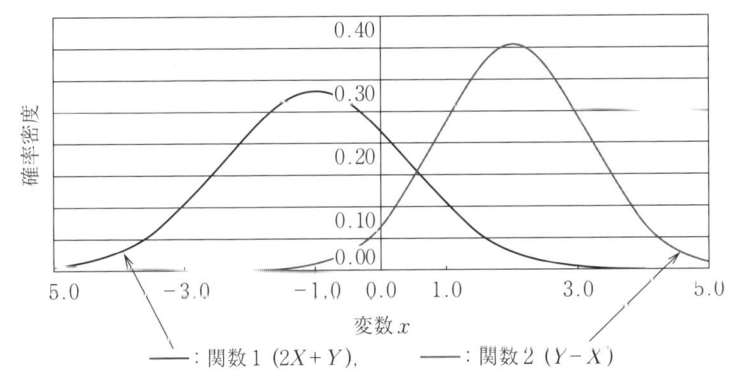

**図 5.4** 関数 1 および関数 2 の確率密度関数

#### 例題 5.5

例題 5.4 の関数 2 $(Y-X)$ の物理的な意味について考える。そのために，関数 2 の累積分布関数を示せ。

### 解答

例題5.4の結果より、関数2の累積分布関数は**図5.5**のように示される。式の形より、関数2は確率変数 $X$ と $Y$ の差分である。

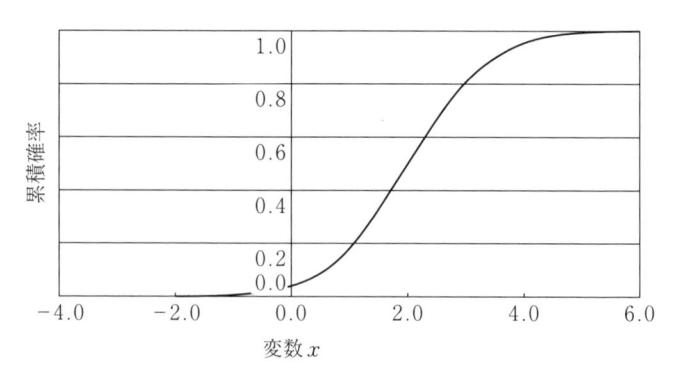

**図5.5** 関数2の累積分布関数

ここで、図5.5の意味を考える上で、確率変数 $X$ と $Y$ がそれぞれ以下のような意味を持つと考えよう。

- $X$: 需要（demand）予測量
- $Y$: 供給（supply）予測量

このとき、$X$ と $Y$ の大小関係は、以下のような意味を持つ。

- シナリオ1: $Y > X$（供給予測量が需要予測量を上回る）
- シナリオ2: $Y = X$（供給予測量と需要予測量が等しい）
- シナリオ3: $Y < X$（供給予測量が需要予測量を下回る）

図5.5に示す累積分布関数は、式(5.21)のように表されることから、$x = 0$ を代入して得られる値は、$Y \leq X$、すなわち供給予測量が需要予測量以下になる確率 $\mathrm{Prob}[Y \leq X]$ と同じ値になる。これは、とりも直さず、$Y - X \leq 0$ となる確率 $\mathrm{Prob}[Y - X \leq 0]$ と同じ値である。

したがって、供給予測量が需要予測量以下になる確率 $\mathrm{Prob}[Y \leq X]$ は、以下のように算定される。

$$\begin{aligned}
\mathrm{Prob}[Y \leq X] &= \mathrm{Prob}[(Y - X) \leq 0] \\
&= \varPhi\left(\frac{0 - 2}{1.118}\right) = \varPhi(-1.7889) = 0.0368
\end{aligned} \quad (5.23)$$

ここに、正規確率関数 $\varPhi(x)$、表5.7に示すように変数が $x$ 以下の発生確率を表わす関数である。

## 5.3 生起確率の算定方法

### 5.3.1 性能関数の定義に基づく生起確率の算定

ある物理量が確率変数の関数として表されるとき,以下に示されるような関数 $Q$ を**性能関数**(performance function)と呼ぶ.

$$Q = a_0 + a_1 X + a_2 Y \tag{5.24}$$

ここで,$a_0$,$a_1$,$a_2$ は定数を表す.

なお,例題5.4の関数 $2(Y-X)$ を性能関数とした場合には,いうまでもなく定数 $a_0$,$a_1$,$a_2$ は,以下のような値となる.

$$a_0 = 0, \quad a_1 = -1, \quad a_2 = 1$$

式(5.24)で表される性能関数 $Q$ の期待値および標準偏差は,式(5.8)の関係よりつぎのように与えられる.

$$\left. \begin{array}{l} \mu_Q = \mathrm{E}[a_0 + a_1 X + a_2 Y] = a_0 + a_1 \mathrm{E}[X] + a_2 \mathrm{E}[Y] \\ \sigma_Q = \sqrt{\mathrm{VAR}[a_0 + a_1 X + a_2 Y]} \\ \phantom{\sigma_Q} = \sqrt{a_1^2 \mathrm{VAR}[X] + a_2^2 \mathrm{VAR}[Y] + 2 a_1 a_2 \mathrm{COV}[X, Y]} \end{array} \right\} \tag{5.25}$$

以上の関係から,確率変数 $X$ と確率変数 $Y$ が正規分布に従うとき,性能関数 $Q$ も正規分布となるので,性能関数 $Q$ に対する確率密度関数 $f_Q(x)$ は次式となる.

$$f_Q(x) = \frac{1}{\sigma_Q \sqrt{2\pi}} \exp\left[ -\frac{1}{2} \left( \frac{x - \mu_Q}{\sigma_Q} \right)^2 \right] \tag{5.26}$$

したがって,性能関数 $Q$ が0を下回る確率 $p(0)$ は,次式により算定される.

$$p(0) = \int_{-\infty}^{0} \frac{1}{\sigma_Q \sqrt{2\pi}} \exp\left[ -\frac{1}{2} \left( \frac{X - \mu_Q}{\sigma_Q} \right)^2 \right] dX \tag{5.27}$$

式(5.27)を一般的な形式に書き換えるために,つぎの変換を行う.

$$s = \frac{X - \mu_Q}{\sigma_Q} \tag{5.28}$$

式(5.28)より,以下のようになる.

$$dX = \sigma_Q ds \quad \left( X: -\infty \sim 0, \quad s: -\infty \sim -\frac{\mu_Q}{\sigma_Q} \right) \tag{5.29}$$

したがって，式 (5.27) は，次式のように変換される．

$$p(0) = \Phi\left(-\frac{\mu_Q}{\sigma_Q}\right) = \int_{-\infty}^{-\mu_Q/\sigma_Q} \frac{1}{\sqrt{2\pi}} \exp\left[-\frac{1}{2}s^2\right] ds \tag{5.30}$$

ここに，$\Phi(x)$ は変数 $x$ に対する累積確率を表す．また，式 (5.30) の記号 $\Phi(x)$ に含まれる $\beta = \mu_Q/\sigma_Q$ は，**信頼性指標**（reliability index）と呼ばれる．

ここで，信頼性指標 $\beta$ を用いることで，一般的には**表 5.8** に示すように，正規確率関数 $\Phi$ が算定される．

表 5.8　正規確率関数

| | A | B |
|---|---|---|
| 1 | 信頼性指標 $\beta$ | 正規確率関数 $\Phi(\beta)$ |
| 2 | -3.0 | 0.001 349 9 |
| 3 | -2.0 | 0.022 750 1 |
| 4 | -1.0 | 0.158 655 3 |
| 5 | 0.0 | 0.500 000 0 |
| 6 | 1.0 | 0.841 344 7 |
| 7 | 2.0 | 0.977 249 9 |
| 8 | 3.0 | 0.998 650 1 |

NORMSDIST（A2）
A2 はセル番号を表す．

正規確率関数 $\Phi$ は，確率密度関数が対称形であるため，次式が成り立つ．

$$\Phi(-\beta) = 1 - \Phi(\beta) \tag{5.31}$$

表 5.8 に示すように，平均と標準偏差に基づく信頼性指標 $\beta = \mu_Q/\sigma_Q$ を与えることで，正規確率関数 $\Phi$ を用いて性能関数 $Q$ が 0 を下回る確率 $p(0)$ を算定することができる．

---

**例題 5.6**

需要 $D$ および供給 $S$ に関するつぎの条件の下で，以下の設問に答えなさい．

・需要 $D$：　平均 $\mu_D = 10$，　分散 $\sigma_D^2 = 6$　（正規分布）
・供給 $S$：　平均 $\mu_S = 4$，　分散 $\sigma_S^2 = 3$　（正規分布）

(1) 需要 $D$ と供給 $S$ の関係を表す性能関数を $Q=D-S$ とするとき,性能関数 $Q$ の平均 $\mu_Q$,および,分散 $\sigma_Q^2$ を算定せよ。ただし,$D$ と $S$ は独立とする。
(2) (1)に示した条件での信頼性指標 $\beta$ を算定せよ。
(3) (2)で算定した信頼性指標 $\beta$ を用いて,需要 $D$ が供給 $S$ を下回る場合の確率を算定せよ。

**解答**

(1) 性能関数 $Q$ の平均 $\mu_Q$,分散 $\sigma_Q^2$ は,つぎのように算定される。
$$\mu_Q = \mu_D - \mu_S = 10 - 4 = 6$$
$$\sigma_Q^2 = \sigma_D^2 + (-1)^2 \cdot \sigma_S^2 = 6 + 3 = 9$$

(2) 信頼性指標 $\beta$ は,つぎのように算定される。
$$\beta = \frac{\mu_Q}{\sigma_Q} = \frac{6}{3} = 2$$

(3) $D$ が $S$ を下回る場合の確率 $p$ は,信頼性指標 $\beta$ を用いてつぎのように算定される。
$$p = \Phi(-\beta) = 1 - \Phi(\beta) = 1 - \Phi(2.0) = 1 - 0.977\,25 = 0.022\,75$$

### 5.3.2 信頼性解析に基づく確率の算定

5.3.1項では,正規確率関数の演算として確率を算定したが,ここでは異なる手法による確率の算定方法を紹介する。

まず,性能関数 $Q$ を以下のように定義する。
$$Q = a_0 + a_1 X + a_2 Y \tag{5.32}$$

つぎに,以下のような新たな変数 $\overline{X}$ および $\overline{Y}$ を導入する。
$$\overline{X} = \frac{X - \mu_X}{\sigma_X} \tag{5.33}$$

$$\overline{Y} = \frac{Y - \mu_Y}{\sigma_Y} \tag{5.34}$$

式 (5.33),(5.34)は,つぎのように変換される。

$$X = \mu_X + \sigma_X \overline{X} \tag{5.35}$$

$$Y = \mu_Y + \sigma_Y \overline{Y} \tag{5.36}$$

式 (5.35),(5.36) を式 (5.32) に代入すると,性能関数 $Q$ は次式のように変換される。

$$\begin{aligned}Q &= a\left(\mu_X + \sigma_X \overline{X}\right) + b\left(\mu_Y + \sigma_Y \overline{Y}\right) + c \\ &= a\sigma_X \overline{X} + b\sigma_Y \overline{Y} + \left(a\mu_X + b\mu_Y + c\right)\end{aligned} \tag{5.37}$$

ここで,$Q=0$ は限界状態を表す。また,$\mathrm{COV}(X, Y)=0$ (相関係数 $\rho=0$) の場合には,新たな変数 $\overline{X}$ と $\overline{Y}$ は直交することから,性能関数 $Q=0$ は次式のようになる(図 5.6 参照)。

$$a_1 \sigma_X \overline{X} + a_2 \sigma_Y \overline{Y} + \left(a_0 + a_1 \mu_X + a_2 \mu_Y\right) = 0 \tag{5.38}$$

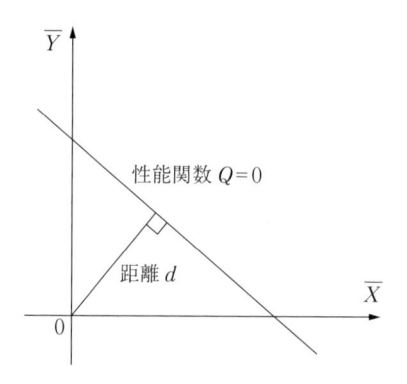

**図 5.6** 性能関数と信頼性指標の関係

したがって,図 5.6 において,$Q=0$ に対する原点からの距離 $d$ は,つぎのように表される。

$$d = \frac{a_0 + a_1 \mu_X + a_2 \mu_Y}{\sqrt{a_1^2 \sigma_X^2 + a_2^2 \sigma_Y^2}} \tag{5.39}$$

式 (5.39) の右辺の分子・分母を,式 (5.8) に示す関係と比較すると,分子は性能関数 $Q$ の平均 $\mu_Q$ に,また,分母は性能関数 $Q$ の標準偏差 $\sigma_Q$ と等価である。つまり,$Q=0$ に対する原点からの距離 $d$ は,信頼性指標 $\beta$ と同じ値に

なる。

したがって，信頼性指標 $\beta$ を算定することは，破壊に対する限界状態を表す直線 $Q=0$ の原点からの距離を算定することである。

## 5.4 モンテカルロシミュレーションによる近似解法

5.3.1 項では，性能関数 $Q \leqq 0$ となる確率 $\mathrm{Prob}[Q \leqq 0]$ を理論的に算定する方法を示した。

例えば，$X$ が収入，$Y$ が支出の場合に，性能関数はつぎのような関係となる。

$$
\left.\begin{array}{l}
Q = Y - X < 0 : 収益（黒字）\\
Q = Y - X = 0 : 限界状態 \\
Q = Y - X > 0 : 損失（赤字）
\end{array}\right\} \tag{5.40}
$$

つまり，この場合の損失の発生する確率（以下，損失確率と称す）とは，$\mathrm{Prob}[Q<0]$ の確率を算定することである。

式 (5.40) に示したように，性能関数が単純な線形式に場合には，5.3 節で示したように以下の手順で簡単に損失確率 $\mathrm{Prob}[Q<0]$ を算定することができる。

$$
\left.\begin{array}{l}
\mu_Q = \mathrm{E}[Y] - \mathrm{E}[X] \\
\sigma_Q^2 = \mathrm{VAR}[Y] + \mathrm{VAR}[X] - 2\mathrm{COV}[X,\ Y] \\
\mathrm{Prob}[Q<0] = \varPhi\left(-\dfrac{\mu_Q}{\sigma_Q}\right)
\end{array}\right\} \tag{5.41}
$$

ここに，$\varPhi(\ )$ は標準正規確率分布で，・の値までの累積確率を表す。

しかし，一般的には，性能関数は式 (5.40) のように単純な線形式とならない場合が多いため，理論的に破壊確率あるいは生起確率を算定するには多少複雑な数学的処理が必要となる。この複雑な数学的処理を省略して，近似的に破壊確率あるいは生起確率を算定する方法として，**モンテカルロシミュレーション**（Monte Carlo simulation）という方法が挙げられる。本節では，モンテカルロシミュレーションについて解説する。

### 5.4.1 一 様 乱 数

モンテカルロシミュレーションの基本概念は，連続量となる確率変数を近似的に離散量として扱うことである。そのために，**乱数**（random number）というものを用いる。

乱数の数学的な根拠については，いろいろ知るべきことがあるが，ここではその説明を省略して，使い方と発生の仕方だけについて解説する。

乱数の基本は一様乱数と呼ばれるもので，0と1の間で一様分布するものである。例えば，$J$個の乱数は，つぎのように表される（右肩の$T$は転置を表す）。

$$\widetilde{u} = \begin{bmatrix} u_1, & u_2, & u_3, & \cdots\cdots, & u_J \end{bmatrix}^T \tag{5.42}$$

この一様乱数のExcelを用いた発生のさせ方を以下に示す。

まず，Excelの関数から，RAND（・）という関数を選択する。そして，**表5.9**に示すセル番号B2のセルに＝RAND（ ）と入力する。ここで，RAND（ ）の括弧内には何も入力する必要はない。例えば，表5.9に示す例では，セル番号B2からB11まで＝RAND（ ）をコピーすることで，10種類の一様乱数を発生させることができる。

表5.9　一様乱数の発生手順

(a)

|   | A | B |
|---|---|---|
| 1 | No. | 一様乱数 |
| 2 | 1 |  |
| 3 | 2 |  |
| 4 | 3 |  |
| 5 | 4 |  |
| 6 | 5 |  |
| 7 | 6 |  |
| 8 | 7 |  |
| 9 | 8 |  |
| 10 | 9 |  |
| 11 | 10 |  |

⇒

(b)

|   | A | B |   |
|---|---|---|---|
| 1 | No. | 一様乱数 |  |
| 2 | 1 | 0.303 699 | $u_1$ |
| 3 | 2 | 0.531 831 | $u_2$ |
| 4 | 3 | 0.191 631 | $u_3$ |
| 5 | 4 | 0.920 210 | $u_4$ |
| 6 | 5 | 0.622 598 | $u_5$ |
| 7 | 6 | 0.938 239 | $u_6$ |
| 8 | 7 | 0.852 472 | $u_7$ |
| 9 | 8 | 0.750 415 | $u_8$ |
| 10 | 9 | 0.259 74 | $u_9$ |
| 11 | 10 | 0.650 396 | $u_{10}$ |

＝RAND（ ）と入力する。

## 5.4 モンテカルロシミュレーションによる近似解法

つまり，式 (5.42) に示す関係では，$J$ が 10 の場合に相当し，0.303 699，0.531 831，0.191 631，……，0.259 74，0.650 396 が，それぞれ $u_1$，$u_2$，$u_3$，……，$u_9$，$u_{10}$ に相当することになる。

なお，式 (5.42) に示す一様乱数は，連続量となる一様分布を $\tilde{u}$ という離散量で代表するので，この事例に示すように 10 個くらいでは近似度が高いとはいえない。そのため，実際の問題に使うためには，一様乱数の個数 $J$（リアライゼーション数と呼ぶ）は 100，1 000，10 000 とかなり大きめの値に設定することが必要となる。

その一例として，一様乱数の個数を 500 に設定して発生した一様乱数のヒストグラムを**図 5.7** に示す。

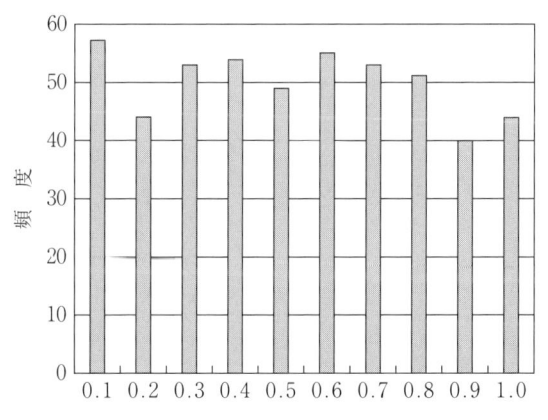

**図 5.7** 発生させた一様乱数のヒストグラム
($J = 500$)

本来，連続量となる一様分布の性質から考えれば，一様分布を正確にモデル化すると，各階級値（例えば 0.1, 0.2, …, 1.0）に対応する度数は一定になるはずである。しかし，図 5.7 では各階級値に対応する度数は多少ばらついている。つまり，$J = 500$ 程度で発生させても，一様乱数は多少誤差を持つということになる。この誤差を少なくするための一つの解決法は，発生させる乱数の数を増やすことである。

### 5.4.2 ある確率密度関数に従う乱数

5.4.1項では，モンテカルロシミュレーションの基本となる一様乱数の基本的な考え方について示した．それに引き続いて，ここでは対象とする確率変数が，ある確率密度関数に従う場合の乱数の発生方法について示す．

この基本的な考え方は，一様乱数の場合の確率密度関数と累積分布関数が，それぞれ**図5.8**に示されることを利用するものである．図5.8に示すように，一様乱数に相当する確率密度関数は一定値であることから，その関数を積分することで得られる累積分布関数は1次関数（直線）となる．

ここで，対象とする確率変数 $X$ の累積分布関数が，**図5.9**に示すように得られていると仮定する．したがって，図5.8（b）と図5.9の関係を併せて示すことで，**図5.10**に示すような関係が得られる．

図5.10に示す関係で，ある確率密度関数に従う乱数を発生させる手順は以下のように要約される．

① $\widetilde{\boldsymbol{u}} = [u_1, u_2, u_3, \cdots\cdots, u_J]^T$ の成分を $n$ 個の一様乱数としたときに，ある一様乱数 $u_i$ に対する累積分布関数の値は，図5.8（b）に示す関係より $u_i$ となる．

② 確率変数 $X$ の累積分布関数を $F(x)$ とするとき，図5.10に示す関係から，ある一様乱数 $u_i$ に対して算定される乱数 $x_i$ は，次式により算定される．

$$x_i = F^{-1}(u_i) \tag{5.43}$$

ここに，$x_i = F^{-1}(u_i)$ は，累積分布関数 $F(u_i)$ の逆関数を表す．

①，②の手順を，$\widetilde{\boldsymbol{u}} = [u_1, u_2, u_3, \cdots\cdots, u_J]^T$ の $n$ 個の一様乱数について繰り返すことで，ある確率密度関数に従う $n$ 個の乱数 $\widetilde{\boldsymbol{x}} = [x_1, x_2, \cdots\cdots, x_n]^T$ が算定される．

モンテカルロシミュレーションを行うための乱数を以上の手順に従って発生させる例を，つぎの例題に示す．

5.4 モンテカルロシミュレーションによる近似解法

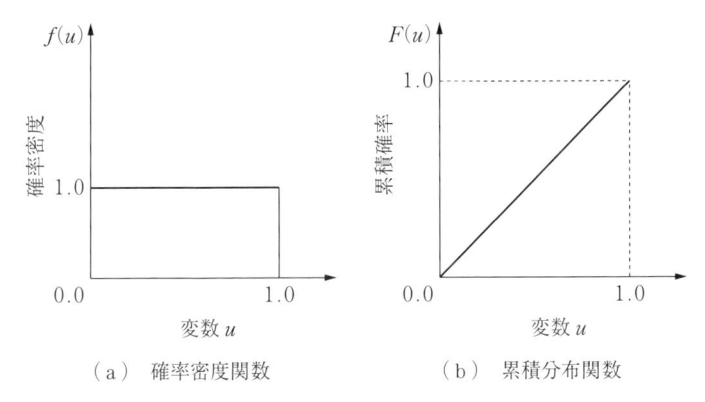

(a) 確率密度関数　　　(b) 累積分布関数

**図 5.8** 一様乱数の確率密度関数と累積分布関数

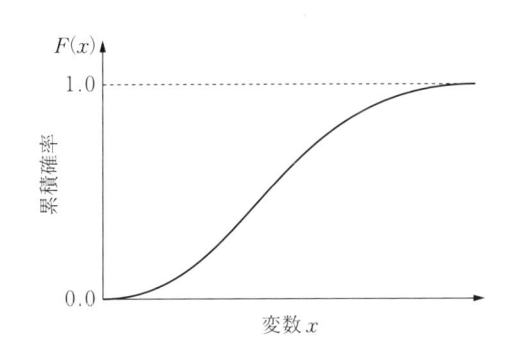

**図 5.9** ある確率変数 $X$ の累積分布関数

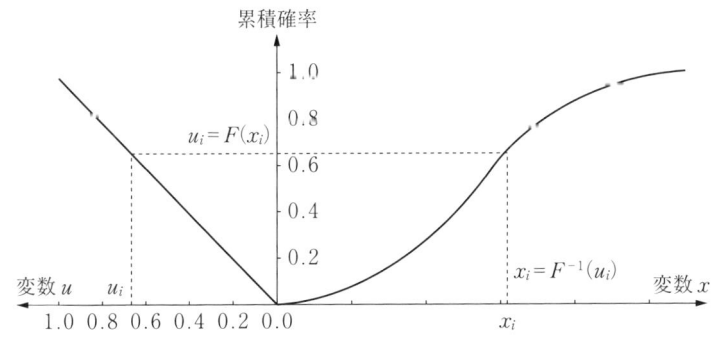

**図 5.10** 乱数の算定手順

### 例題 5.7

ある確率変数 $X$ が図 5.11 に示す三角形分布に従うときに，一様乱数 $u_i$ とそれに対応する乱数 $x_i$ の関係を誘導せよ。

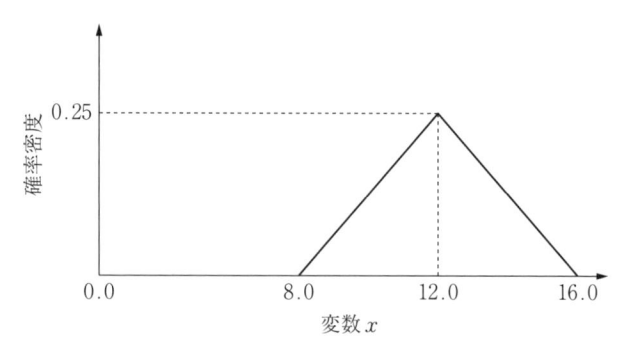

**図 5.11** 確率密度関数（三角形分布）

### 解答

図 5.11 に示す三角形分布の関係より，確率変数 $X$ の確率密度関数および累積分布関数は，それぞれ以下のように表される。

① $8.0 \leq x \leq 12.0$ のとき

$$確率密度関数：f(x) = \frac{1}{16}(x-8) \tag{5.44}$$

$$累積分布関数：F(x) = \int_8^x \frac{1}{16}(x-8)dx = \frac{x^2}{32} - \frac{x}{2} + 2 \tag{5.45}$$

② $12.0 \leq x \leq 16.0$ のとき

$$確率密度関数：f(x) = -\frac{1}{16}(x-16) \tag{5.46}$$

$$累積分布関数：F(x) = 0.5 + \int_2^x \frac{1}{16}(16-x)dx$$

$$= -\frac{x^2}{32} + x - 7 \tag{5.47}$$

したがって，式 (5.45) および式 (5.47) より，累積分布関数は図 5.12 のように表される。図 5.12 に示した関係から，ある一様乱数 $u_i$ とそれに対応する乱数 $x_i$ には，つぎの関係が成り立つ。

① $8.0 \leq x \leq 12.0$ のとき

$$u_i = \frac{x_i^2}{32} - \frac{x_i}{2} + 2, \quad より \quad x_i = F^{-1}(u_i) = 8 + \sqrt{32u_i} \tag{5.48}$$

5.4 モンテカルロシミュレーションによる近似解法

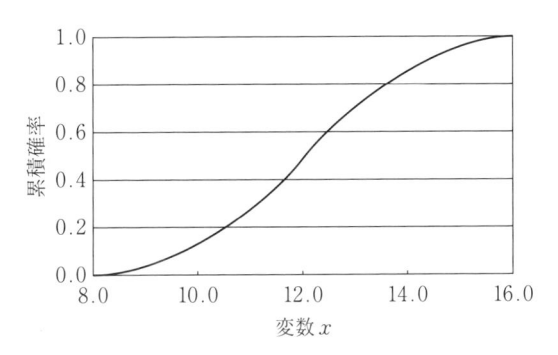

**図 5.12** 累積分布関数

② $12.0 \leq x \leq 16.0$ のとき

$$u_i = \frac{x^2}{32} + x - 7 \quad \text{より,} \quad x_i = F^{-1}(u_i) = 16 - \sqrt{32(1-u_i)} \quad (5.49)$$

式 (5.48) および式 (5.49) に示す関係に基づき算定した, 一様乱数 $u_i$ とそれに対応する乱数 $x_i$ の結果の一例を**表 5.10** に示す. また, 表 5.10 に示した数値のヒストグラムを**図 5.13** に示す.

なお, 図 5.13 に示すヒストグラムにおいて, リアライゼーション数 $J$ が 500 程度では, 理論値に比べて多少誤差を有する分布となることに留意されたい.

**表 5.10** 一様乱数 $u_i$ とそれに対応する乱数 $x_i$ の算定結果の例 ($J = 500$)

| 回数 $i$ | 一様乱数 $u_i$ | 対応する乱数 $x_i$ |
|---|---|---|
| 1 | 0.262 877 669 | 10.900 359 53 |
| 2 | 0.048 243 329 | 9.242 492 06 |
| 3 | 0.307 694 275 | 11.137 868 19 |
| 4 | 0.315 757 491 | 11.178 716 67 |
| 5 | 0.318 932 774 | 11.194 059 41 |
| . | . | . |
| . | . | . |
| . | . | . |
| 496 | 0.444 125 651 | 11.769 883 40 |
| 497 | 0.819 728 108 | 13.598 188 07 |
| 498 | 0.129 745 990 | 10.037 614 21 |
| 499 | 0.659 419 037 | 12.698 698 62 |
| 500 | 0.119 907 589 | 9.958 837 12 |

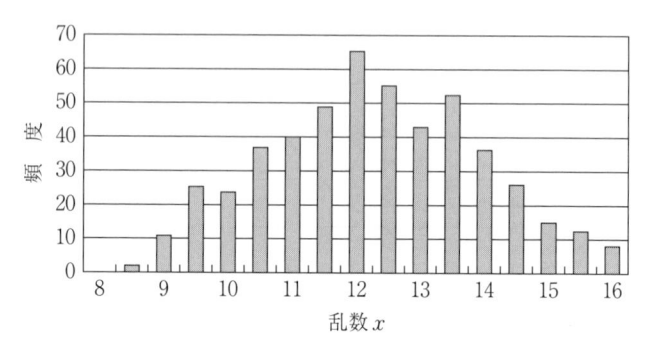

図 5.13 三角形分布に従う乱数 $x$ のヒストグラム

## 例題 5.8

鉄道建設プロジェクトにおいて,トンネル構築に機械掘削であるトンネルボーリングマシン(TBM)を用いた場合に,解析条件(費用・工期・便益)が,つぎのように与えられたとする。

① 費用 $C$

建設費用 $C$ および建設工期は,**表 5.11**,**図 5.14** のとおりとする。

**表 5.11** 建設条件(費用・工期)

| $t$ (年) | 建設費用 $C$ |
|---|---|
| 1 | 最大値を 12 000 百万円とする三角形分布(図 5.14) |
| 2 | 600 百万円(設備費) |

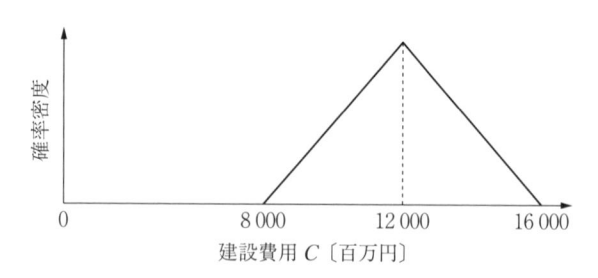

図 5.14 建設費用の確率密度分布

## 5.4 モンテカルロシミュレーションによる近似解法

② 便益 $B$

完成後の便益 $B$ は，毎年 750 百万円（一定値）とする。

これらの条件で，プロジェクトの想定期間を 50 年とした場合に，このプロジェクトにおける内部収益率の分布をモンテカルロシミュレーションにより算定するとともに，そのヒストグラムを描け。

また，比較のため，建設費用を 12 000 百万円（確定値）とした場合の内部収益率も算定せよ。

#### 解答

図 5.14 に示す建設費用 $C$ の確率密度分布より，$C$ の累積分布関数は，**図 5.15** のようになる。

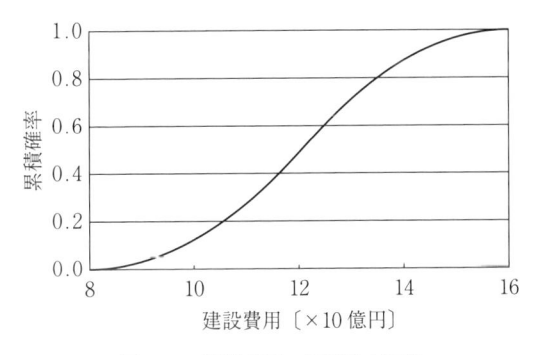

**図 5.15** 建設費用の累積分布関数

ここで，$\boldsymbol{u} = (u_1, u_2, \cdots, u_n)^T$ を一様乱数とすると，図 5.14 に示す三角形分布の建設費用について，ある一様乱数 $u_i$ に対応する建設費用 $C_i$ は，**図 5.16** に示すように算定される。

したがって，$N$ 個の一様乱数を発生させ，その各値を用いて図 5.16 の手順に基づいて累積分布関数の逆関数に相当する値を計算すると，図 5.14 に示す建設コストの確率密度分布に従う $N$ 個の値が得られる。

その一例として，500 個の一様乱数を発生させた場合の，一様乱数とそれに対応する建設費用の数値例，およびそのヒストグラムを，それぞれ**表 5.12** および**図 5.17** に示す。

つぎに，表 5.12 に示すような建設費用に対して内部収益率を算定した結果の例を**表 5.13** に示す。また，表 5.13 の内部収益率のヒストグラムを**図 5.18** に示す。

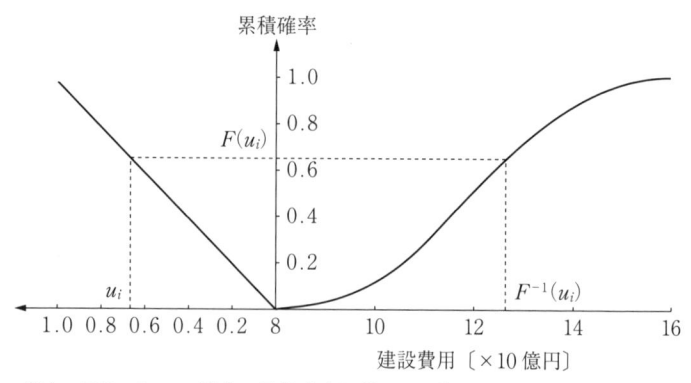

## 5. リスク評価のための確率・統計解析

累積確率のグラフ（建設費用 $[\times 10$ 億円$]$ に対する $F(u_i)$ および $F^{-1}(u_i)$）

（注） $F(\cdot)$ は，$\cdot$ に対する累積分布関数，$F^{-1}(\cdot)$ は，$\cdot$ に対する累積分布関数の逆関数を表す。

**図5.16** ある一様乱数 $u_i$ に対する建設費用 $C_i$ の算定手順

**表5.12** 一様乱数とそれに対応する建設費用の数値例 $(J = 500)$

| 回数 $i$ | 一様乱数 $u_i$ | 建設コスト $C_i (\times 10^9)$ |
| --- | --- | --- |
| 1 | 0.296 071 781 | 11.078 034 60 |
| 2 | 0.479 605 411 | 11.917 572 35 |
| 3 | 0.702 996 959 | 12.917 128 40 |
| 4 | 0.006 050 227 | 8.440 008 25 |
| 5 | 0.668 503 742 | 12.743 025 90 |
| . | | |
| . | | |
| . | | |
| 495 | 0.202 677 704 | 10.546 701 11 |
| 496 | 0.954 109 965 | 14.788 190 97 |
| 497 | 0.552 038 420 | 12.213 871 30 |
| 498 | 0.073 997 155 | 9.538 801 14 |
| 499 | 0.144 801 151 | 10.152 588 40 |
| 500 | 0.817 731 089 | 13.584 921 29 |

その結果として，表5.13および図5.18に示すように，平均5.24％（注：理論解では5.17％）となるほぼ三角形分布に従う内部収益率の確率分布が算定される。

## 5.4 モンテカルロシミュレーションによる近似解法

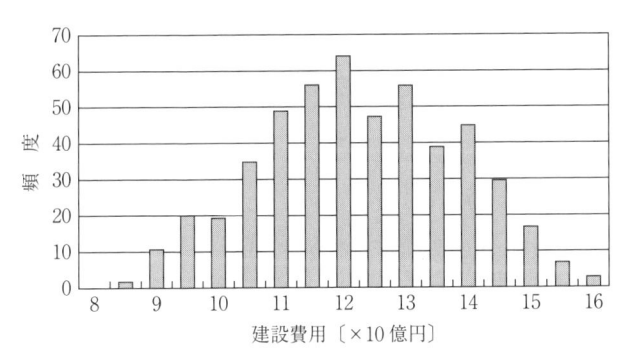

**図 5.17** 建設費用のヒストグラム

**表 5.13** 内部収益率の算定結果の例 ($J = 500$)

| 回数 $i$ | 一様乱数 $u_i$ | 建設コスト $C_i$ ($\times 10^9$) | $B_t - C_t$ | | | | | | | | | 内部収益率 |
|---|---|---|---|---|---|---|---|---|---|---|---|---|
| | | | 1 | 2 | 3 | 4 | · | · | · | 48 | 49 | 50 | |
| 1 | 0.504 450 | 12.017 84 | −12 017.8 | −600 | 750 | 750 | · | · | · | 750 | 750 | 750 | 5.16 |
| 2 | 0.849 563 | 13.805 92 | −13 805.9 | −600 | 750 | 750 | · | · | · | 750 | 750 | 750 | 4.35 |
| 3 | 0.155 305 | 10.229 29 | −10 229.3 | −600 | 750 | 750 | · | · | · | 750 | 750 | 750 | 6.18 |
| 4 | 0.830 980 | 13.674 35 | −13 674.4 | −600 | 750 | 750 | · | · | · | 750 | 750 | 750 | 4.40 |
| 5 | 0.960 959 | 14.882 27 | −14 882.3 | −600 | 750 | 750 | · | · | · | 750 | 750 | 750 | 3.94 |
| · | · | · | · | · | · | · | · | · | · | · | · | · | · |
| · | · | · | · | · | · | · | · | · | · | · | · | · | · |
| 498 | 0.776 932 | 13.328 26 | −13 328.3 | −600 | 750 | 750 | · | · | · | 750 | 750 | 750 | 4.55 |
| 499 | 0.652 395 | 12.664 83 | −12 664.8 | −600 | 750 | 750 | · | · | · | 750 | 750 | 750 | 4.85 |
| 500 | 0.429 378 | 11.706 77 | −11 706.8 | −600 | 750 | 750 | · | · | · | 750 | 750 | 750 | 5.32 |

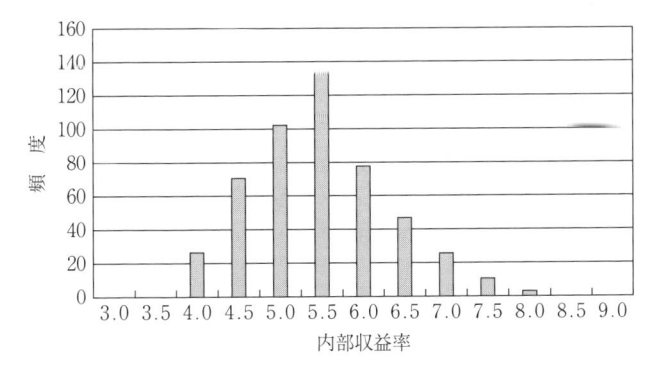

**図 5.18** 内部収益率の算定結果

## 演習問題

〔5.1〕 表5.1に示す事例について，日本の若者と東南アジアの若者に，ハイリスク・ハイリターンとローリスク・ローリターンのどちらのプロジェクトに投資するかを筆者が質問したところ，日本の若者は90％以上がローリスク・ローリターンを選択したのに対して，東南アジアの若者はほぼ100％がハイリスク・ハイリターンを選択した。この要因について考察せよ。

〔5.2〕 Execlを用いて**表5.14**に示すプロジェクトの収益率に関する期待値$\mu$および標準偏差$\sigma$を算定せよ。

**表 5.14**

| シナリオ分類 | 確率 $p$ | 収益率 $r$〔%〕 |
|---|---|---|
| シナリオ1 | 0.05 | 7.0 |
| シナリオ2 | 0.05 | 6.0 |
| シナリオ3 | 0.10 | 5.0 |
| シナリオ4 | 0.15 | 4.0 |
| シナリオ5 | 0.40 | 3.0 |
| シナリオ6 | 0.15 | 2.0 |
| シナリオ7 | 0.05 | 1.0 |
| シナリオ8 | 0.05 | 0.0 |

〔5.3〕（1）3種類の確率変数$X_1$, $X_2$, $X_3$の線形結合式$Z = aX_1 + bX_2 + cX_3 + d$（$a$, $b$, $c$, $d$は定数）の期待値$\mu_Z$，および分散$\sigma_Z^2$を誘導せよ。

$\mu_Z = \mathrm{E}[aX_1 + bX_2 + cX_3 + d]$

$\sigma_Z^2 = \mathrm{VAR}[aX_1 + bX_2 + cX_3 + d]$

なお，3種類の確率変数$X_1$, $X_2$, $X_3$の相関係数は，それぞれ$\rho_{12}$, $\rho_{23}$, $\rho_{31}$とする。

（2）**表5.15**に示す3種類のプロジェクトA，B，Cについて，それぞれ二つのプロジェクト間の共分散および相関係数を求めよ。

演 習 問 題

**表 5.15**

| シナリオ分類 | 確率 $p$ | プロジェクト A 収益率 $r_A$〔%〕 | プロジェクト B 収益率 $r_B$〔%〕 | プロジェクト C 収益率 $r_C$〔%〕 |
|---|---|---|---|---|
| シナリオ1 | 0.1 | 7.0 | −5.0 | 1.5 |
| シナリオ2 | 0.2 | 5.0 | −2.5 | 2.0 |
| シナリオ3 | 0.4 | 3.0 | 0.0 | 3.0 |
| シナリオ4 | 0.2 | 1.5 | 3.0 | 1.0 |
| シナリオ5 | 0.1 | 1.0 | 5.0 | 0.0 |
| 計 | 1.0 | | | |

〔5.4〕（1） 表 5.16 に示す二つのプロジェクト A, B の収益率を用いて，収益率の変動（ポートフォリオ）の関係図を描け。ただし，プロジェクト A への投資配分 $\alpha$ は，0.0 から 0.01 間隔で 1.0 まで変化させるものとする。

**表 5.16**

| | プロジェクト A 収益率 $r_A$〔%〕 | プロジェクト B 収益率 $r_B$〔%〕 |
|---|---|---|
| 期待値 $\mu$ | 5.0 | 10.0 |
| 標準偏差 $\sigma$ | 1.0 | 5.0 |
| 相関係数 $\rho$ | 1.0, 0.0, −1.0（3種類） | |

（2） 表 5.17 に示す三つのプロジェクトの収益率を想定した場合に，Excel を用いて，つぎの3種類のポートフォリオの関係図を描け。ただし，プロジェクト A, B, C への投資配分 $\alpha$ は，0.0 から 0.01 間隔で 1.0 まで変化させるものとする。
・プロジェクト A と B の 2 種類のポートフォリオ
・プロジェクト B と C の 2 種類のポートフォリオ
・プロジェクト C と A の 2 種類のポートフォリオ

**表 5.17**

| | プロジェクト A 収益率 $r_A$〔%〕 | プロジェクト B 収益率 $r_B$〔%〕 | プロジェクト C 収益率 $r_C$〔%〕 |
|---|---|---|---|
| 期待値 $\mu$ | 5.0 | 10.0 | 7.5 |
| 標準偏差 $\sigma$ | 1.0 | 5.0 | 3.5 |
| 相関係数 $\rho$ | A と B の相関係数： $\rho_{AB}=0.15$<br>B と C の相関係数： $\rho_{BC}=-0.5$<br>C と A の相関係数： $\rho_{CA}=0.75$ | | |

〔5.5〕 例題5.4の関数1（$2X+Y$）の累積分布関数を，Excelを用いて算定して図示するとともに，その値が0以下となる確率 $\text{Prob}[2X+Y\leqq 0]$ を求めよ。

〔5.6〕 例題5.4の関数2（$Y-X$）で，確率変数 $X$ と確率変数 $Y$ の相関係数 $\rho$ が，それぞれ$-0.5$，$0.0$，$0.5$ の場合の確率密度関数を，Excelを用いて計算して図示せよ。

〔5.7〕 二つのプロジェクトA，Bを考える。以下の条件の下で，（1）（2）の設問に答えよ。

・プロジェクトAの収益： $R_A = 50 + 20X + 5Y$
・プロジェクトBの収益： $R_B = 100 + 15X + 10Y$

なお，確率変数 $X$, $Y$ は，つぎの関係を満たすものとする。

・$X$： 期待値 $\mu_X = 10$, 分散 $\sigma_X^2 = 25$ （正規分布）
・$Y$： 期待値 $\mu_Y = 10$, 分散 $\sigma_Y^2 = 36$ （正規分布）
・$X$ と $Y$ の相関係数： $\rho_{XY} = 0.0$

（1） $R_A$ と $R_B$ の関係を表す性能関数を $Q = R_A - R_B$ とするとき，$Q$ の期待値 $\mu_Q$，分散 $\sigma_Q^2$ を算定せよ。

（2） （1）の下で，信頼性指標 $\beta$ を算定せよ。

# 6章 契約管理概論

### ◆本章のテーマ

本章では，欧米の建設マネジメント分野ではリスク対応での主要な一分野とされている契約管理について解説を加える。具体的には，建設分野における契約とは，発注者と請負者の2者間で契約締結段階において想定されるリスク要因をできるだけ抽出するとともに，その要因による損失が顕在化した場合のリスク分担方法を明示するものであることを明らかにする。加えて，代表的な建設契約方式および契約約款について解説を加える。さらに，リスク分担方法の設定方法が一意的に定まらない一事例として地質リスクを取り上げ，その契約に関する近年の動向についても紹介する。

### ◆本章の構成（キーワード）

6.1 概 説
    契約管理，リスク要因
6.2 リスク対応としての契約管理の基本概念
    発注者，請負者，リスク分担
6.3 代表的な契約形式および契約約款
    契約形式，契約約款，紛争，紛争解決
6.4 地質リスクに関する契約管理
    地質リスク，地下工事

### ◆本章を学ぶと以下の内容をマスターできます

☞ 建設契約の基本概念およびリスク分担方法
☞ 代表的な建設契約方式および契約約款
☞ 地質リスクについての契約での取扱いに関する近年の動向

## 6.1 概　　説

4章において述べたように，欧米の建設マネジメント分野では，契約管理はリスク対応での主要な一分野となる概念である。例えば，Flanagan ら[1]は，契約書を以下のように定義している。

「プロジェクトの遂行に関して想定されるあらゆるリスク要因を記述し，それに起因する損失の分担方法を明示したものである。」

ただし，上記の契約に関する解釈は，契約を締結する段階において，プロジェクトに内在するすべてのリスク要因が明らかになっている場合，すなわち完備契約に相当するものである。一方，実際の建設プロジェクトにおいては，事前にすべてのリスク要因を予見することができない契約，すなわち不完備契約とならざるを得ないことが特徴となることに留意すべきである。このため，正確には上記の契約に関する解釈をプロジェクトに適用するためには課題があるが，いずれにせよ日本とは契約に関する認識に大きな差があることは確かである。

このような観点から，本章では，プロジェクトにおいて適用されている代表的な契約方式を示すとともに，各契約方式による損失負担方法の相違について解説する。さらに，契約を締結する段階において予見することができないリスク要因の代表例として，地下工事における地質リスクを取り上げ，各種契約におけるそのリスク分担方法の相違についても示す。

## 6.2 リスク対応としての契約管理の基本概念

建設工事を対象としたプロジェクトの場合，契約の当事者は，一般的には**発注者**（owner）と**請負者**（contractor）の2者である。この2者間が，プロジェクトを遂行することにより得られる利益／便益は，単純化すればそれぞれ次式のように表されるであろう[2]。

① 発注者の得る利益／便益 $B_O$

## 6.2 リスク対応としての契約管理の基本概念

$$B_O = V - C_P - I_O \tag{6.1}$$

② 請負者の得る利益 $B_C$

$$B_C = C_P - I_C \tag{6.2}$$

ここに，$V$ は発注者がプロジェクトを実施することにより得られる潜在価値，$C_P$ は請負価格，$I_O$ は発注者の特定材への投資額，$I_C$ は請負者の特定材への投資額を表す。なお，特定材とは，そのプロジェクトにのみ有効であり，他の目的への転用が利かない投資を意味する。具体的には，発注者の場合には，プロジェクトのための取得土地，および後述するプロジェクトのための地質調査費用等が代表例として挙げられる。また，請負者の場合には，仮設用の土地・資材のリース費用，および下請業者への支払い費用等が代表例として挙げられる。

式 (6.1) および式 (6.2) に示すように，発注者は，請負者への支払いとなる請負価格 $C_P$，および自身の特定材 $I_O$ を出費することで，プロジェクトを実施することにより得られる潜在価値を得ることになる。一方，請負者は，請負価格 $C_P$ から自身の特定材 $I_C$ を出費することで利益を得ることになる。なお，式 (6.1) および式 (6.2) に示す各項目のうちで，外部から直接観察可能となるものは，請負価格 $C_P$ であることに留意されたい。

ここで，式 (6.1)，(6.2) に示すモデルにおいて，事前に想定されるリスク要因が $N$ 個あるとすれば，それらのリスク要因が顕在化した場合のリスク費用 $\Delta P$ は次式のように表される。

$$\Delta P = \sum_{i=1}^{N} \Delta P_i \tag{6.3}$$

ここに，$\Delta P_i$ は，リスク要因 $i$ が顕在化した場合に要するリスク費用を表す。

契約書が 6.1 節にあるように定義されるとすれば，式 (6.3) に示すリスク費用 $\Delta P$ は，以下のように発注者と請負者の 2 者間で分担されると解釈される。

① 発注者のリスク費用分担額 $\Delta P_O$

$$\Delta P_O = \sum_{i=1}^{N} \alpha_i \Delta P_i \tag{6.4}$$

② 請負者のリスク費用分担額 $\Delta P_C$

$$\Delta P_C = \sum_{i=1}^{N} \beta_i \Delta P_i \tag{6.5}$$

$$\alpha_i + \beta_i = 1 \tag{6.6}$$

ここで，$\alpha_i$ および $\beta_i$ は，リスク要因 $i$ が顕在化した場合の発注者および請負者のリスク費用分担率（以下，費用分担率と呼ぶ）を表す。リスク費用は，発注者および請負者の2者間で負担されることになるため，式 (6.6) に示すようにそれぞれの費用分担率 $\alpha_i$ および $\beta_i$ の和は1となる。

なお，理論的には，各リスク要因 $i$ に対する費用分担率 $\alpha_i$ および $\beta_i$ は，0から1の間の値となると考えられるが，実際の契約では，各リスク要因 $i$ に対する費用分担率は，**表 6.1** に模式的に示すように，0，1あるいは1/2のいずれかとなる。

**表 6.1** 各リスク要因の分担率

| リスク要因 $i$ | リスク費用分担率 | |
|---|---|---|
| | 発注者 $\alpha_i$ | 請負者 $\beta_i$ |
| 1 | 1 | 0 |
| 2 | 0 | 1 |
| 3 | $\dfrac{1}{2}$ | $\dfrac{1}{2}$ |
| ・ | ・ | ・ |
| ・ | ・ | ・ |
| ・ | ・ | ・ |
| $N$ | 1 | 0 |

すなわち，リスク要因 $i$ に対する費用分担率は，そのリスク要因の特性によって異なる。例えば，いずれの過失による場合には，その当事者の費用分担率が1となる。そして，いずれの損失かが明らかでない場合には，両者間での協議により，両者折半（費用分担率1/2に相当）となることが想定される。

ただし，そのリスク要因が不可抗力とみなされる場合には，一般的には発注者の費用分担率が1とされることが多い[†]。つまり，リスク分担の一般的なルールでは，資金力が大きいほうがリスクを負担することが原則となるべきである。この原則が損なわれた場合には，資金力に劣る側，すなわち一般的には請負者が多大なリスクを分担するため，プロジェクトの遂行自体が不可能となり，負のリスク連鎖となることが想定される。例えば，東南アジア等の開発途上国でのプロジェクトにおいては，請負者の資金力が劣るため，発注者が片務的な契約により過大なリスク分担を強いた場合には，その企業が倒産し再入札となり，発注者自体が，さらに多大な費用負担（工期延長を含む）を招いた事例が報告されている。このため，プロジェクトの契約においては，片務的でない適切な費用分担率を設定することが不可欠な事項となる。

上記の関係より，変動額 $\Delta P$ の発注者と請負者のそれぞれの変動額の平均的なリスク費用分担は，以下のように表される。

① 発注者の負担額 $\Delta P_O$

$$\Delta P_O \fallingdotseq (1-\alpha^*)\sum_{i=1}^{N} \Delta P_i \tag{6.7}$$

② 請負者の分担額 $\Delta P_C$

$$\Delta P_C \fallingdotseq \alpha^* \sum_{i=1}^{N} \Delta P_i \tag{6.8}$$

ここに，$\alpha^*$ は全リスク要因に対する請負者の平均的なリスク費用分担率を表す。

上記の基本概念の下で，6.3節以降では，代表的な建設契約について解説するとともに，それぞれの建設契約における請負者の平均的なリスク費用分担率 $\alpha^*$ の関係についても解説を加えるものとする。

---

[†] 厳密には，日本の公共工事標準請負契約約款[3] 第29条においては，1%が請負者の負担と規定されている。

## 6.3 代表的な契約形式および契約約款

### 6.3.1 代表的な契約方式

現在，世界中の建設・エンジニアプロジェクトにおいて適用されている契約方式は数多く挙げられるが，基本的にはつぎの三つに大別されるであろう。

・ターンキー契約
・総価一括契約
・数量精算契約

〔1〕 **ターンキー契約**　上記の契約形式のうち，**ターンキー契約**（turn-key contract）は，原則的にはプロジェクトにおけるいかなる条件変更も考慮せず，契約段階で合意された請負価格からの一切の変更を認めないものである。つまり，この契約では，いかなるリスク要因が顕在化しようとも発注者の負担は0であり，請負者がリスク要因による損失のすべてを負担することになる。ただし，実際の建設・エンジニアプロジェクトにおいては，設備・機械が主体であり契約条件からの乖離・変動が少ないプラント工事で適用されることがほとんどであり，契約条件からの変動が頻繁に発生する建設プロジェクトではほとんど適用例がないといえる。

〔2〕 **総価一括契約**　**総価一括契約**（lump sum contract）は，総括的に建設工事を請け負う方式であり，原則的には入札時に提示された請負価格（契約価格）が最優先され，その建設工事にかかわる**表6.2**に示すような**工事単価数量表**（bill of quantities）は，あくまで補助資料として取り扱われるものである。なお，表6.2は，仮想のトンネル掘削工事に対して算定したものであり，トンネル工事を構成する各種工種・部材（掘削・覆工コンクリート・インバートコンクリート・鋼製支保工・吹付コンクリート・ロックボルト）ごとの単価（2章で示した合成単価）に，それぞれの数量を設定し，直接工事費を算定したものである。

したがって，総価一括契約では，事前に想定されるリスク要因が顕在化しコストオーバーラン（請負価格からの増分）が発生しても，原則的には発注者か

## 6.3 代表的な契約形式および契約約款

**表6.2** トンネル掘削工事の工事単価数量表の例

| 項　目 | 単価<br>(US$) | 数量 | 単位 | 計 |
|---|---|---|---|---|
| トンネル掘削 | 5 085 | 12 610 | $m^3$ | 64 121 850 |
| 覆工コンクリート | 11 850 | 6 590 | $m^3$ | 78 091 500 |
| インバートコンクリート | 13 480 | 90 | $m^3$ | 1 213 200 |
| 鋼製支保工 | 121 300 | 20 | t | 2 426 000 |
| 吹付コンクリート（Ⅰ） | 1 500 | 1 290 | $m^2$ | 1 935 000 |
| 吹付コンクリート（Ⅱ） | 1 300 | 2 680 | $m^2$ | 3 484 000 |
| ロックボルト | 1 300 | 1 300 | 本 | 1 690 000 |
| | | | 総計 | 152 961 550 |

ら請負者にそのコストが支払われない方式である。もちろん，大幅なインフレーションの発生によるコスト増あるいは，予期できない地質条件に遭遇した場合には，限定的に付加コスト（リスク費用）が，発注者の負担となる場合もある。なお，この付加コストを支払う場合に，補助資料として取り扱われる表6.2の工事単価数量表に示されている単価を固定したままで数量のみ変動させる方式（**ランプサム固定価格**，lump sum with fixed cost），および単価を変動させる方式（**ランプサム変動価格**，lump sum with escalated cost）に分類される。

いうまでもなく，前述の大幅なインフレーションの発生によるコスト増に対する対応は，工事単価数量表での単価変更が必要となるため，ランプサム変動価格方式に相当することになる。一方，予期できない地盤条件に遭遇した場合への対応は，新単価設定を行わない場合には，工事単価数量表での単価変更をせず数量のみの変更となるため，ランプサム固定価格に相当することとなる。

つまり，この契約方式では，ターンキー契約ほどではないにせよ，発注者の負担は比較的少なく，請負者がリスク要因による損失の大部分を負うことになる。

〔3〕 **数量精算契約**　　**数量精算契約**（re-measurement contract）は，入札段階で発注者側から工事単価数量表が提示され，請負者が表6.2の工事単価数量表に示されている各項目の単価を設定し，それを集計することで入札価格を

定め応札するものである。このため，予期しない地質条件の出現などにより，例えば掘削土量あるいは支保部材の数量が当初見積りから増加したとしても，その数量に対する工事費の増加は，発注者により負担される。つまり，数量精算契約は，請負者にとって最も負担するリスクが小さい契約方法ということができる。また，建設コストの変動が，契約時に提示された工事単価数量表の数量に基づき明示されるために，非常に透明性の高い契約方式であるといえる。

〔1〕〜〔3〕の3種類の契約方式に関して，式(6.7)，(6.8)に示す発注者と請負者のリスク費用分担額の関係式を用いて比較すると，模式的に図6.1のようになる。図に示すように，請負者の平均的なリスク費用分担率 $\alpha^*$ は，ターンキー契約，総価一括契約（ランプサム固定価格），総価一括契約（ランプサム変動価格），数量精算契約の順に小さくなるものと解釈される。なお，〔1〕のように，ターンキー契約ではすべてのリスク費用が請負者によって負担されるため，請負者の平均的なリスク費用分担率 $\alpha^*$ は1となる。

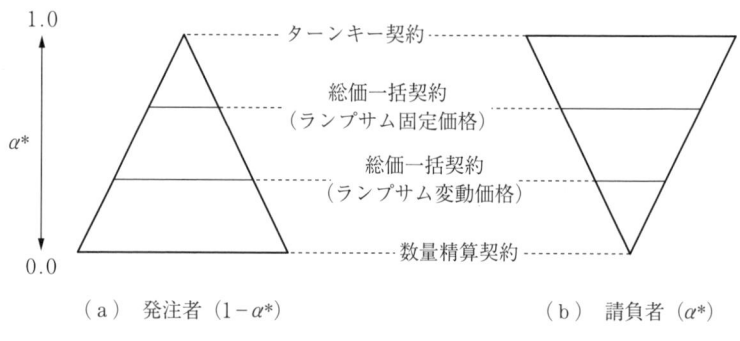

**図6.1** 契約によるリスク費用分担率の変動（模式図）

（a）発注者（$1-\alpha^*$）　　（b）請負者（$\alpha^*$）

このように，発注者と請負者との間で締結される契約方式によって，請負者の負担するリスク費用は，変動すると解釈される。

ここで，欧米のプロジェクトにおいては，歴史的な初期段階では請負者の企業努力を喚起するために，主として総価一括契約が用いられてきた。〔2〕のように，総価一括契約は，契約段階ですべての条件を固定し，原則的にはそれ以降の条件変更は一切認めないという完備契約の原則に乗っ取ったものである

## 6.3 代表的な契約形式および契約約款

と解釈される。つまり、契約段階でどの程度のリスク要因が明らかになっているかが重要な問題となる。そして、そのリスク要因に関する情報については、発注者および請負者が同じ情報を有していることが大前提となる。したがって、この契約方式は本来、大型機械の購入のように、契約段階でほとんどの条件が確定しており、それ以降の不確定な要因が発生する危険性が少ないものを対象として導入されたものである。このため、企業努力を喚起するという側面が強調されるが、不確定な要因が少ないため、契約金額からのコスト増は請負者へのペナルティーであると解釈される性質を有している。しかし、建設工事は多くのリスク要因を含んでいるため、請負者のコントロールできない要因も数多く存在するため、総価一括契約での建設工事では場合によっては請負者に不当な損失を強いる結果となった。このため、プロジェクトの入札に関して、つぎのような挿話が残されている。

「総価一括契約の建設工事では、応札者の中で最もリスク要因に気づかなかった者が勝者となる。」

さらに、工事の大型化に伴い、コストオーバーランの規模も大きくなり、請負者自体が負担できる範囲を超えるようになってきた。それに伴い、プロジェクトを入札した請負者が倒産し工事続行が不可能となり、再入札を行うために発注者に多大な損失が発生する事態となった。また、請負者はこのような事態に対応するため、請負価格にリスクプレミアム（リスクに対して支払われる対価）を設定することになり、結果的には建設工事費の不必要な上昇を招くことになった。

このような総価一括契約の課題を解消するために導入された方式が、数量精算契約である。この契約方式は、〔3〕のように請負者にとってリスク負担が最も小さいとともにきわめて透明性の高いものである。本質的には、数量精算契約は、契約段階ですべての条件が固定されるのではなく、原則的にはそれ以降の条件変更を両者協議の上で決定するという原則に乗っ取った一種の不備契約[4],[5]であると解釈される。つまり、一般的な完備契約とは異なり、契約段階ではまだどの程度のリスク要因が存在するかが明らかになっていないことを

認めることが原則となる。したがって，契約段階でほとんど不確定な要因が存在しないものについては，数量精算契約を適用するメリットはまったく存在しない。逆に，プロジェクトのように，契約段階では確定できない多くのリスク要因を含む場合には柔軟性に優れた契約方式であると解釈される。

このような観点から，数量精算契約の欠点とされる課題について考える。一般的には，この契約では，請負者のリスク負担が小さくなるために，請負者の企業努力を喚起することができないこと，あるいは，虚偽の申請を行い自己の責任による損失まで発注者に負担を強いる可能性があること等の欠点があると指摘されている。しかし，この課題は，契約を締結する両者間に情報の非対称性がある場合，あるいは，モラルハザードが生じる場合である。つまり，リスク要因が発生する可能性および工事途中段階でのその発生状況について，発注者および請負者が情報の隠蔽あるいは虚偽の申告を行わず，同じ情報を有している場合には問題とはならない。

現状では，総価一括契約・数量精算契約の問題点を解消するために，さまざまな契約方式が開発され実際に適用されつつある。そして，いずれの方式も原則的には総価一括契約および数量精算契約を基本としており，プロジェクトの性質を考慮し両者の問題点を解決するために開発されたものである。ただし，上述のように契約によりリスク配分を円滑に行うためには，契約を締結する両者間での情報の透明性および対称性が確保されることが大前提となることはいうまでもない。

### 6.3.2 代表的な契約約款

代表的な建設請負契約の事例として，国内建設工事に適用されている公共工事標準請負契約約款[3]および，海外工事において通常適用されているFIDIC[6]~[8]を取り上げる。

〔1〕 **公共工事標準請負契約約款**　従来の日本における公共工事の発注形態では，公共団体の実施機関が発注者となり，設計・施工分離の原則の下で，コンサルタントが発注者に対して入札，契約および施工監理等を補佐し，施工

は請負者により実施される。この公共工事での発注者と請負者の間で採用される建設請負契約が，公共工事標準請負契約約款である。

この請負契約は，6.3.1項に示した契約方式のうち，原則的には総価一括契約に相当するものである。そのため，6.3.1項で述べたように，建設工事にかかわる工事単価数量表は，あくまで補助的な参考資料として取り扱われるものであるが，特定の条件下では発注者による請負者に対する精算の場合もある。ただし，日本の公共工事におけるこの工事単価数量表の取扱いの特徴は，6.3.1項で述べた数量精算契約での単価は請負者の提案によって設定されるのに対して，一般的には積算基準等に従って発注者によって設定されることである。

また，この契約では，事前にすべてを見せることが困難な地質条件のようなリスク要因に対する設計変更は，草柳[9]が指摘しているように，当契約約款に記載されている，「信義則」に基づき甲乙が友好的に問題の解決を図るという精神に則り対処される。実際には，発注者の判断により，数量精算や新工種単価設定がなされることで，請負者のリスクは基本的には回避される。ただし，設計変更を実施する決定は発注者の判断に基づくものであるため，請負者のリスクがすべて回避されたわけではないことに留意する必要がある。また，不可抗力あるいは地質条件の変動等に伴うコスト変動は不完全ながらも発注者により負担されるというリスク対応の基本条件は，精算数量が当初契約数量から増大しても発注者の財務体力がその増額変更に十分対応可能であることを前提にしていることにも留意する必要がある。

〔2〕 **FIDIC**　海外工事において通常適用される建設請負契約は**国際コンサルティング・エンジニヤ連盟**（Fédération Internationale des Ingénieurs-Conseils, **FIDIC**）と総称され，その約款は発注形式により，以下のように分類される。

　・FIDIC Red[6]　　　（設計・施工分離方式）
　・FIDIC Yellow[7]　（設計・施工一括方式）
　・FIDIC Silver[8]　　（EPC／ターンキー方式）

このうち，FIDIC Red は，設計・施工分離方式の建設工事に適用される数量精算契約に基づく請負契約約款である。この契約では，6.3.1項〔3〕のように予期しない地質条件の出現等により，例えば掘削土量あるいは支保部材の数量が当初見積りから増加した場合には，その数量に対する工事費の増加は，発注者により負担される。ただし，この方法では数量増減は精算されるが，単価は変更されないこともあり，請負者がリスクを負う可能性があることに留意する必要がある。

つぎに，FIDIC Yellow は設計・施工一括方式の工事に適用される請負契約約款である。ただし，この契約の基本概念は，数量精算契約に基づく請負契約約款であり，FIDIC Red と同じ記述が用いられている。

これに対して，FIDIC Silver は，いわゆる **EPC** (engineering procurement construction, 設計・調達・建設) ／ターンキー方式の工事に適用される請負契約約款である。その特徴は，発注者すなわちプロジェクトオーナーは，完成物の要求性能を明示するとともに，地下条件を含めて保有するすべての情報を入札者に提示するが，応札者は必要があれば自己の負担で追加調査を行い，その結果に基づき設計・施工計画を立案し入札することである。この前提条件では，請負者すなわち EPC コントラクターが，すべてのリスク要因に対するリスクコストを負うことになる。もちろん，FIDIC Silver のガイドラインは，この約款を適用することが不適当である場合に関する記述もあり，条件が整わない場合でもすべてのリスクを請負者に分担させることを戒めているが，事業規模および財務力が政府機関および地方公共団体に比べて小さいプロジェクト会社にとっては，リスク転嫁を行う上で有効な契約約款であるといえる。現状では，FIDIC Silver が適用された事例はあまり報告されていないようであるが，EPC／ターンキープロジェクトに対する契約約款となる FIDIC Silver におけるリスクコストの取扱いについては，今後重要な検討課題になる可能性がある。

〔3〕 **紛争解決** 建設プロジェクトにおいては，多様なリスク要因を含んでいることから，いずれの契約方式を適用しようとも，本質的に発注者と請負者の間で，そのリスク要因の対応に関する契約条件の解釈に相違が発生する

危険性が高い。現状までに，日本ではこのような発注者と請負者の間に発生した問題が，建設紛争までに至った例はほとんどない。しかし，国際建設プロジェクトにおいては，この解釈の相違に起因する紛争が裁判や仲裁へと発展することが稀ではない。

この紛争解決には，一般的には多大な費用と時間を要することになる。この課題を解決，あるいは未然に紛争の発生を予防する方策として，1990年代以降アメリカで生まれたDB（**紛争調停委員会**（Dispute Adjudication Board, **DAB**），あるいは**紛争処理委員会**（Dispute Board, **DB**）を総称する）が普及しつつある[10]。

今後，日本の建設分野が国際市場へ積極的に参画を図る上では，契約管理に関する理解を深めるとともに，この紛争処理委員会等に対する認識を高めることが不可欠な課題であると考えられる。

## 6.4　地質リスクに関する契約管理

6.3節までに，契約管理に関する基本概念，および代表的な契約方式・契約約款を示した。本節では，契約を締結する段階において予見することができないリスク要因の代表例として，地下工事における地質リスクを取り上げ，各種契約におけるそのリスク分担方法の相違について明らかにする。

建設プロジェクトには，本質的に建設コストに影響を与えるさまざまなリスク要因が含まれている。これらのリスク要因の中で，地下工事を含む建設プロジェクトにおいて，地下の地盤・岩盤の幾何学的および力学的条件の不確実性に起因するリスク，すなわち地質リスクは，事前に予測することが困難であるため，その建設コストおよび建設工期に影響を及ぼす重要なリスク要因の一つである。

従来の日本での建設契約では，地質リスクによる変動は原則的には財務力のある公共団体等の発注者により負担され，請負者のリスク分担が基本的には回避されてきた。このような対応の下では，発注者および請負者のいずれにも設

計条件に含まれる地質リスクに対する基本概念が,構築されにくかったといえる。

しかし,近年の社会基盤整備を取り巻く環境は厳しさを増しており,建設コストの精度あるいは妥当性に関する議論は,これまで以上に重要となる。さらに,設計・施工一括方式,民間資本活用型方式[†]等の新たな調達方式の導入は,本質的に建設プロジェクトでの発注者-請負者間のリスク分担ルールに変化をもたらすこととなる。このような状況の下で,地質リスクに対する基本概念を構築することは,きわめて重要な検討課題といえる。

ここで,6.3.2項で述べた代表的な契約約款である公共工事標準請負契約約款,およびFIDICに基づく地質リスクの起因するリスク費用分担ルールを**表 6.3**に示す。同表に示すように,日本の公共工事標準請負契約約款と同様に,設計・施工分離のFIDIC Red,および設計・施工一括のFIDIC Yellowともに,地質リスクは発注者によって負担されると解釈される。これは,これらの契約に基づく建設プロジェクトでは,発注者が実施した調査工事に基づく情報が,入札時に応札者に提供されることが前提条件になっており,請負者は調査に起因する地質リスクとは無関係であることによる。

表6.3 代表的建設契約約款における地質リスクの分担ルール

| 契約約款 | 発注形式 | 地質リスク分担 | |
|---|---|---|---|
| | | 発注者 | 請負者 |
| 公共工事標準請負契約約款 | 設計・施工分離 | ○ | |
| FIDIC Red | 設計・施工分離 | ○ | |
| FIDIC Yellow | 設計・施工一括 | ○ | |
| FIDIC Silver | EPC／ターンキー | | ○ |

これに対して,FIDIC Silverに基づくプロジェクトでは,地下条件は発注者により入札者に提示されるが,請負者(EPCコントラクター)は必要があれば自己の負担で追加調査を行い,その結果に基づき設計・施工計画を立案する

---

[†] プライベートファイナンスイニシアティブ(PFI),パブリックプライベートパートナーシップ(PPP)(16ページ参照)のような民間資本を活用する調達方式を総称する。

## 6.4 地質リスクに関する契約管理

ため，請負者も調査によるリスク対応を図ることが必要となる可能性がある。

なお，施工段階での地質リスクは，表6.3に示すようにFIDIC Silverのような EPC／ターンキー契約を除いて，原則的には通常の建設請負では，建設工事中に実施される数量精算により，発注者が負担すると解釈される。しかし，6.3.1項で述べたように，既存の方法では数量増減は精算されるが，単価は変更されないこともあり，請負者が地質リスクを負う可能性があることに留意すべきである。

ここで，地質リスクに起因する変動額$\Delta P$を発注者と請負者の両者が分担すると仮定すると，式(6.7)，(6.8)より，EPC／ターンキー契約および数量精算契約での，最も簡単な場合のリスク費用分担率はつぎのようになる。すなわち，請負者のリスク費用分担率が小さくなる総価一括契約および数量精算契約では，リスク費用分担率$\alpha^*$が0.0に近くなることで請負者のリスク分担が回避されてきたと解釈される。一方，請負者のリスク費用分担率が大きいターンキー契約では分配率$\alpha^*$は1.0に近くなると解釈される。したがって，FIDIC Silverの適用プロジェクトでは，従来の契約方式に比較して，請負者のリスク分担が過大となる危険性があるといえる。

なお，昨今，日本とは異なり欧米においては，トンネルに代表される地下工事において，その地質リスクに関するリスク分担に関する議論が活発化しつつある。

例えば，**世界トンネル協会**（International Tunnelling Association，**ITA**）の総会・コングレスにおいては，以下のようなオープンセッションが設けられている。

・第33回ITA総会・コングレス（2007）
　New Financing Trends and Consequences on the Tunneling Contracts
・第35回ITA総会・コングレス（2010）[11]
　Ground Reference Information for Bidding Tunnel Projects – Current practices, Shortcomings／Benefit and Future Challenges

上記の二つのオープンセッションにおいては，トンネルに関する建設契約，

あるいは契約に関連して発注者が提示すべき地質条件に関する話題が議論の中心となっている。このようなテーマが選定される背景には，トンネル工事を含む建設プロジェクトが民間資本活用方式等で発注される機会が増加し，それに伴い地質リスクに関する発注者-請負者間でのリスク分担に関する問題意識が高まってきたことがあると考えられる。

## 演習問題

〔6.1〕 契約に関する情報の非対称性，あるいは逆選択の典型的な事例として取り上げられることが多い**レモンの市場**[12]（market of lemon）という話題について調査せよ。

〔6.2〕 建設契約での用語として，普通に注意および予防手段を講じても損失を防止できない免責事象は**不可抗力**（force majeure）と称される。代表的な不可抗力について列挙せよ。

〔6.3〕 引用・参考文献8）等を用いて，建設プロジェクトに関する紛争処理方法について調査せよ。

〔6.4〕 代表的な地質リスクへの対応策を挙げるとともに，その課題について考察せよ。

〔6.5〕 地下工事において FIDIC Siver を適用した場合に想定されるリスクシナリオについて考察せよ。

# 7章 海外建設プロジェクト概論

### ◆本章のテーマ

本章では，昨今インフラ構造物建設分野の海外進出が話題となっている状況を踏まえて，海外における建設プロジェクトの概要について解説を加える。具体的には，まず日本の建設・エンジニアリング企業の海外進出は，歴史的には ODA（政府開発援助）のうち，円借款事業に関連して始まったことについて，日本の ODA の概要と併せて解説する。さらに，20世紀後半以降（主として1980年代以降），途上国をはじめとする海外におけるインフラ構造物の調達では，民間資本活用型プロジェクトが主体となりつつあることを示すとともに，その新たな調達方式によるプロジェクトの概要および実施事例について解説を加える。

### ◆本章の構成（キーワード）

7.1 概 説
　　海外建設プロジェクト，ODA
7.2 ODA 概論
　　有償資金協力，円借款事業，契約管理
7.3 国際プロジェクト概論
　　民間資本活用型調達，コンセッション契約，分離コンセッション

### ◆本章を学ぶと以下の内容をマスターできます

☞ ODA のうち，円借款事業の概要および建設・エンジニアリング分野との関連
☞ 20世紀後半以降（主として1980年代以降），途上国をはじめとする海外におけるインフラ構造物の調達の動向
☞ 海外での民間資本活用型プロジェクト方式によるプロジェクトの概要および実施事例

# 7. 海外建設プロジェクト概論

## 7.1 概　　説

　日本における建設投資は，バブル期の 84 兆円をピークとして，現状では 50 兆円以下に減少している。また，この減少傾向は，今後とも継続し将来的にはバブル発生前の 50 兆円以下まで縮小すると予測されている。また，これまでは建設投資の主要部分を占めてきた公共投資も，現状での財政難に加えて今後の少子・高齢化社会での税収減のため，足らざるものを建設するという従来型建設需要の拡大にはつながらないと指摘されている。

　このような状況の下，現状でこの建設市場の縮小に対する方策が数多く提案されているが，その代表的な方策の一つとして海外建設プロジェクトの受注拡大が挙げられる。

　ここで，日本企業による海外工事受注額は，**図 7.1** に示すように，2000 年までは約 1 兆円を平均値として推移していた[1]。なお，図に示す受注額の推移において，1997 年以降受注額が減少しているが，これは日本企業が受注した工事の大部分が東南アジアでの物件であるため，タイバブル崩壊後の当地域での経済不況を反映したものである。

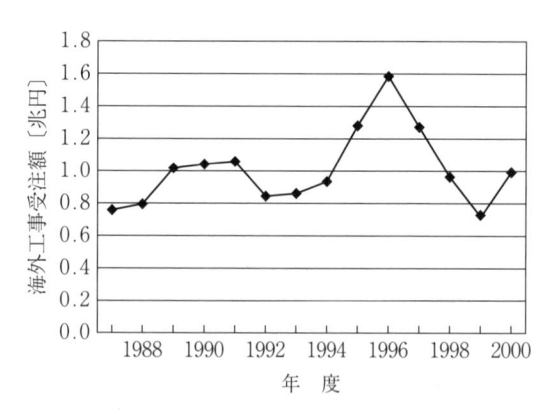

**図 7.1**　日本企業の海外工事受注額の推移[1]

このデータより，従来の日本の建設業は必ずしも海外工事の受注に対して積極的に取り組んでいたとはいえないであろう。この理由は，これまで日本国内において十分な受注環境が整っていたことに加えて，海外工事においては日本の商慣習と異なるさまざまなカントリーリスク・マーケットリスクが存在するため，そのプロジェクトの推進に大きな課題があったことによるものと推察される。しかし，今後国内の建設マーケットが縮小することが想定されることから，その対応策として海外工事受注に対して，これまで以上に積極的に取り組む必要が高まりつつある。このことは，すでに社会資本整備が成熟期へと移行しているヨーロッパ・アメリカでの建設会社が，国内市場の減少に対応するために，近年海外市場での受注を拡大させていることからも明らかであろう。

ここで，日本の建設業の海外工事は，歴史的に **ODA の円借款事業**（ODA Loan）を主体として実施してきた。この円借款事業に代表される政府機関の調達による海外での建設工事の実施傾向は，今後とも継続すると推察される。加えて，20 世紀後半以降（主として 1980 年代以降），途上国をはじめとする海外におけるインフラ構造物の調達は，民間資本活用型プロジェクトが主体となりつつある。

このような観点から，本章では円借款事業に代表される日本の政府開発援助の概要とともに，海外での新たな調達方式である民間資本活用型プロジェクトの概要および実施事例について解説する。

## 7.2　ODA 概論

ODA とは，Official Development Assistance（政府開発援助）の頭文字をとったものであり，政府または政府の実施機関によって開発途上国または国際機関に供与され，開発途上国の経済・社会の発展や福祉の向上に役立つために行う資金・技術提供による協力のことである。

日本の政府開発援助 ODA の内訳は，**図 7.2** に示すように，まず 2 国間援助と国際機関への出資・拠出に区分され，さらに 2 国間援助は，無償資金協力，

# 7. 海外建設プロジェクト概論

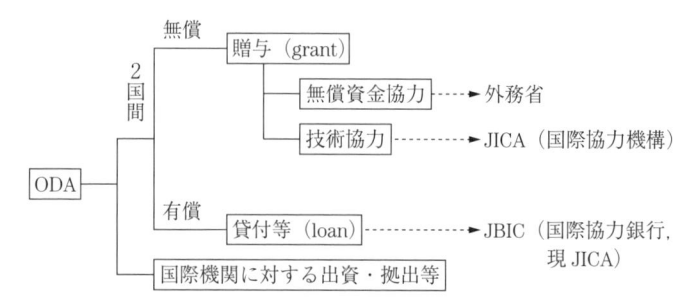

```
         ┌─無償─┬─贈与（grant）
         │      │   ├─無償資金協力 ┄┄► 外務省
     2国間│      │   └─技術協力     ┄┄► JICA（国際協力機構）
ODA──┤      │
         │      └─有償─┬─貸付等（loan） ┄┄► JBIC（国際協力銀行，
         │                                          現 JICA）
         └─国際機関に対する出資・拠出等
```

**図7.2** ODA の内訳と担当機関

技術協力，および有償資金協力に区分される。従来は，図に示すように，それぞれ外務省，国際協力機構（JICA）および国際協力銀行（JBIC）が担当してきた。なお，有償資金協力は，2008 年の JBIC の円借款部門の JICA への統合により，JICA が実施母体となっている[2]。

ここで，日本の ODA の特徴は，「開発途上国に対する援助を行うにあたっては，贈与に加え，開発途上国に借款を供与し，返済義務を課すことによって，その国の自助努力を一層促すことができる」という方針に基づいていることである。このため，他の先進国の贈与（無償資金協力，技術協力）が ODA 総額に占める比率（**グラントレート**，grant rate）が，90％以上であるのに対して，日本は 50％程度となっており，有償資金協力が ODA の主体となっている[3]（**図7.3** 参照）。

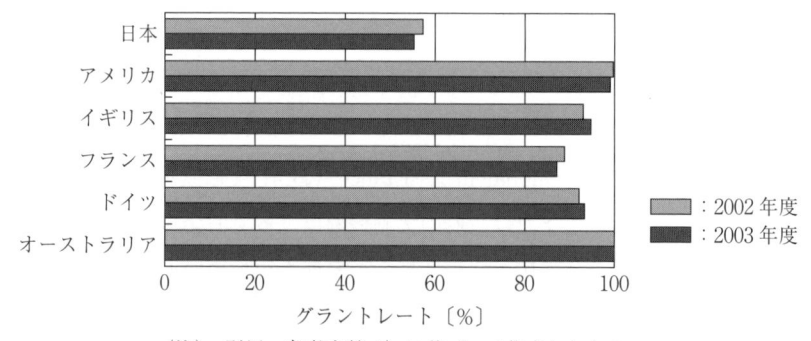

(グラフ: 日本, アメリカ, イギリス, フランス, ドイツ, オーストラリアのグラントレート比較、2002年度と2003年度)

（注）引用・参考文献 3) に基づいて作成したもの。

**図7.3** 先進国のグラントレートの比較

## 7.2 ODA 概論

　有償資金協力は，わが国の場合，通常「円借款事業」と呼ばれる政府直接借款であり，低金利で返済期間の長い緩やかな条件（譲許的な条件）で，開発途上国に対して開発資金を貸し付ける形態の援助である。有償資金協力（円借款）の内訳としては，図 7.4（a）に示すように，道路，鉄道，橋の建設・整備などの陸運分野，港湾などの海運分野，発電所や送電施設等の電力分野などが大部分を占めている[3]。さらに，灌漑などの農業分野，上下水道整備や植林事業などの環境分野，農村開発のためのマイクロクレジット，留学生借款などの人造り分野など多様な分野に円借款が供与されている。また，地域別では，図 7.4（b）に示すように，アジアに対してが最大であり，そのシェアは 90 % に及び，アフリカがそれに続いている[3]。

（a）分野別　　　　　　　　（b）地域別
（注）引用・参考文献 3）に基づいて作成したもの。

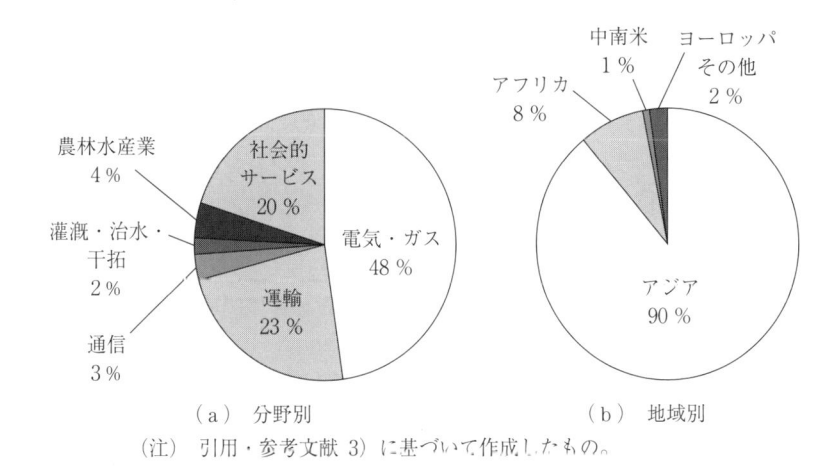

**図 7.4** 有償資金協力（円借款）の内訳（2003 年度）

　このように，日本の円借款事業においては，アジアを主体とした交通・運輸セクターおよびエネルギーセクターのインフラ構造物建設プロジェクトを対象とした支援がなされてきた。これに関連して，日本の建設・エンジニアリング会社が，海外プロジェクトに参画してきた。

　この円借款事業としての建設プロジェクトは，いうまでもなく被援助国の政府あるいは政府系機関が発注者，受注する日系企業が請負者となるため，その

構造は日本における公共事業と同様である。ただし，この建設プロジェクトの実施に当たり，発注者-請負者間の建設契約は，6.3.2項で述べたFIDICに準拠した契約約款が適用されることが一般的である。このため，円借款事業としての建設プロジェクトにおいては，請負者がFIDICに準じた契約管理に関する知識を有することが，プロジェクトの成否にかかわる重要な検討事項となることに留意すべきである[4),5)]。

## 7.3 国際プロジェクト概論

### 7.3.1 インフラ整備の調達方法の変化[6)]

1990年頃までは，多くの先進国や途上国では，道路，鉄道，電力，水道，通信などのインフラ事業は歴史的に国家機関や公企業が開発にあたってきた。特に途上国においては，国の返済保証により世界銀行（世銀）や2国間援助ローンを用いたインフラ開発が進められてきた。インフラ開発が経済発展の基盤整備であるとする考えにより，インフラ事業の財務の健全化よりは，プロジェクトを開発することが国家機関そして援助を受ける側の機関で優先されてきた。このような仕組みでは，当該政府と世銀等融資機関の判断で比較的速やかに開発を進められた点で評価できる一方，需要を大きく見積もったり，経済効果を過大評価する性向により，健全な財務体質を有する公企業が存立し得ないケースを多く招いた。

こうした理由でIMFや世界銀行は途上国経済開発のための融資に当たっては，当該国経済の**構造調整**（structural adjustment）の必要性を強調するようになった。すなわち，可能な限り電力料金などを市場に委ね自由化すること，また事業破綻のリスクを到底受容できない民間に事業経営を任せる（民営化）などの政策を**融資の条件**（conditionality）とするようになった。民営化には，公的機関がプロジェクトローンの直接の借り手にならないため，長期債務の低減につながる効用も期待される。

しかし，例えば水力発電所のような場合，河川などの土地やダムなどの土着

## 7.3 国際プロジェクト概論

資産を民間（とりわけ外国企業）に委ねることを制限するため，一定期間のみの排他的事業開発・運営の権利を付与・譲渡（concession，コンセッション）し，最終的にプラントごと国に**返還**（transfer）する仕組みが考案された。ここに **BOT**（build-operate-transfer，建設・運営・譲渡）方式の発端をみることができる。この変形として **BOO**（build-own-operate，建設・所有・運営）方式のスキームがある。電力 BOT はトルコのオザル首相が最初に提唱し 1988 年から試みが始まった。

これまでに，アジア地区では数多くの民間資本活用型建設プロジェクトとして実施されている。**表7.1** および **図7.5** は，その事例として，1985 ～ 1998 年の間に，アジア 12 か国で実施された 87 の民間資本活用型方式による建設プロジェクトについて，そのプロジェクト実施国を示したものである[7]。なお，これらの図表に示したプロジェクトの事業別内訳は **図7.6** のとおりで，電源開発

**表7.1** 民間資本活用型方式による建設プロジェクト実施国[7]（1985 ～ 1998 年）

| 分　類 | 実　施　国 |
|---|---|
| high income economies | 香港（4），オーストラリア（4），台湾（1） |
| upper-middle income economies | マレーシア（11） |
| lower-middle income economies | インドネシア（5），フィリピン（17），タイ（7） |
| low income economies | 中国（17），パキスタン（8），ベトナム（5），インド（6），ネパール（2） |

（注）括弧内の数字はプロジェクト数を表す。

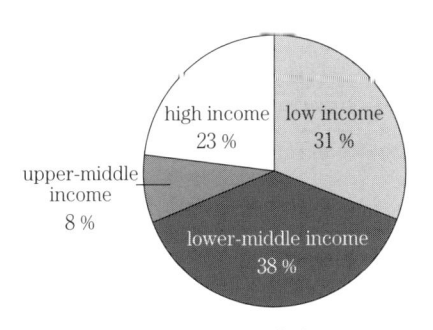

**図7.5** 民間資本活用型方式による建設プロジェクト実施国の内訳[7]

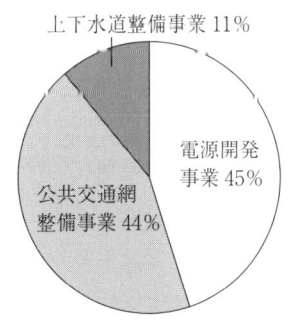

**図7.6** 民間資本活用型方式による建設プロジェクトの事業別内訳[7]

事業が39プロジェクト，公共交通網整備事業が38プロジェクト，および上下水道整備事業が10プロジェクトである[7]。

ここで，注目すべきことは，民間資本活用型方式による建設プロジェクトは，香港あるいはオーストラリアのような先進国だけではなく，世界銀行による経済指標分類で low income country に分類されるネパール，ベトナムにおいても推進されていることである。また，図7.6に示すように，電力開発・公共交通網整備・上下水道整備のようなキャッシュフローの見込まれるプロジェクトは，民間資本活用方式で推進することが世界銀行等の方針となっている。このため，PFIに代表される民間資本を導入した公共事業を推進する上で必要となるリスク管理技術は，海外建設プロジェクトの受注の拡大を図るためにも必要となるものと推察される。

### 7.3.2 民間資本活用型調達方式による建設プロジェクトの構成および事例

民間資本活用方式による建設プロジェクトの実施形態は，従来の公共事業の場合と異なり，プロジェクト会社，EPCコントラクター，金融機関，下請負者（建設・据付け等）などのさまざまな参加者により構成される。現在，日本で計画・実施中の民間資本活用方式の建設プロジェクトは，建設段階での不確定要因が比較的少ない建築構造物が主体であるが，7.3.1項で示したように，世界的には民間資本活用方式が土木工事主体の建設プロジェクトへ適用された事例も数多く挙げられる。例えば，**表7.2**に示すように，ダム基礎の遮水性あるいは，地下発電所での周辺岩盤の安定性等の地質リスクを含む土木工事である水力発電所建設プロジェクトが，民間資本活用方式（BOT方式）事業として現在進行中である。なお，表に示した事例は，既往の文献調査結果および世界銀行の資料[8]から作成したものであり，そのほかにも電源開発事業の運営権が付与された案件も多く報告されているが，ここではファイナンスクローズ†したとされる案件例のみを示している。また，既設買収により民間プロジェク

---

† プロジェクトへの出資および融資に関する合意が最終的に関係者間で締結されること。

## 7.3 国際プロジェクト概論

**表7.2** 海外における水力 PFI（BOT）事業の事例

| プロジェクト名 | 国 | 出力〔MW〕 | 施設・構造物* | 契約 |
|---|---|---|---|---|
| カセカナン | フィリピン | 150 | 地下発電所 | EPC |
| サンロケ | フィリピン | 345 | ダム（200 m）・トンネル | EPC |
| バクーン | フィリピン | 70 | 地上発電施設 | EPC |
| テンフィンボン | ラオス | 210 | 地上発電施設・トンネル | non EPC |
| ホァイホ | ラオス | 150 | ダム（77 m）・トンネル | non EPC |
| キムティ I | ネパール | 60 | 地下発電所 | non EPC |
| ビルシック | トルコ | 672 | ダム（62 m） | EPC |
| イタ | ブラジル | 1 450 | ダム（125 m） | EPC |
| グルマン-アモリン | ブラジル | 140 | ダム（41 m）・トンネル | EPC |

（注）　引用・参考文献 8) に基づいて作成したもの。
（＊）　「施設・構造物」欄にある括弧内の数字は，ダムの堤体高を表す。

トとなった案件も除外している。表7.2に示す事例では，ラオスおよびネパールでのプロジェクトを除いて，その他のプロジェクトではEPC契約が採用されており，EPCコントラクターが，多様なリスクを負担するプロジェクト形態となっている。

　ここで，民間資本活用方式のプロジェクトで発生すると想定される具体的な費用および収益の項目とその変動特性について示す。例えば，民間資本活用方式の代表事例であるBOT方式の水力発電プロジェクトでの，計画から資産移転までに発生すると想定される費用および収益は，個々のプロジェクトによっては多少変動する可能性はあるが，一般的には図7.7に示すように8種類（図のA～Hに示す事項に相当）に分類されるであろう[9]。なお，図のD, F, Gに示す3項目は，その金額の変動特性が大きいと想定されるものである。その内容は，以下のように要約される。

7. 海外建設プロジェクト概論

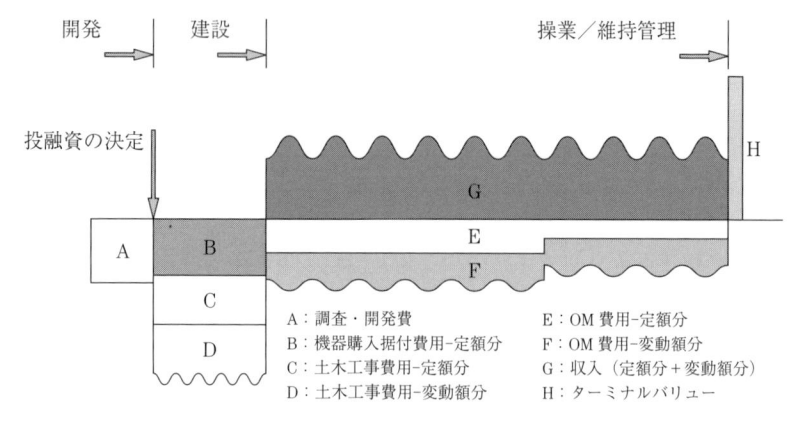

```
開発 | 建設 |        操業／維持管理
```

投融資の決定

A：調査・開発費
B：機器購入据付費用-定額分
C：土木工事費用-定額分
D：土木工事費用-変動額分
E：OM費用-定額分
F：OM費用-変動額分
G：収入（定額分＋変動額分）
H：ターミナルバリュー

**図7.7** 民間資本活用方式プロジェクトにおける費用・収益の分類[9]

① 建設段階での費用のうち，機器購入据付はターンキー契約で調達されることが一般的であるように，価格変動が小さいことから，機器購入据付費用は定額分に分類される。また，土木工事費については，さまざまな工種により構成されるため，それぞれを定額分と変動額分に分類することが必要となる。その中で，変動額分に相当する代表工種としては，トンネル・地下空洞等の地下工事が挙げられる。

② **OM**（operation and maintenance）費用としては，機器の点検・補修，操業段階での調達資金に対する返済金等が挙げられる。この内，その変動額分に相当する代表的事項としては，建設工事終了から移転に至るまでに数十年を要することから，返済金の金利変動に関する長期市場リスクが挙げられる。

③ 操業段階での収入について，途上国の民間資本活用方式では一般に契約において電力料金は一定額として保障される場合が多い。しかし，移転までの数十年に渡る操業段階では，需要が初期の予測から大きく変動する可能性があるため，収入についても定額分と変動額分に分類することが望まれる。

つぎに，表7.2に示す民間資本活用方式のプロジェクト事例を対象として，その実施形態についての調査した結果を**図7.8**に示す。図に示す実施形態での主要な契約としては，つぎの(i)～(iv)の契約が挙げられる。

## 7.3 国際プロジェクト概論

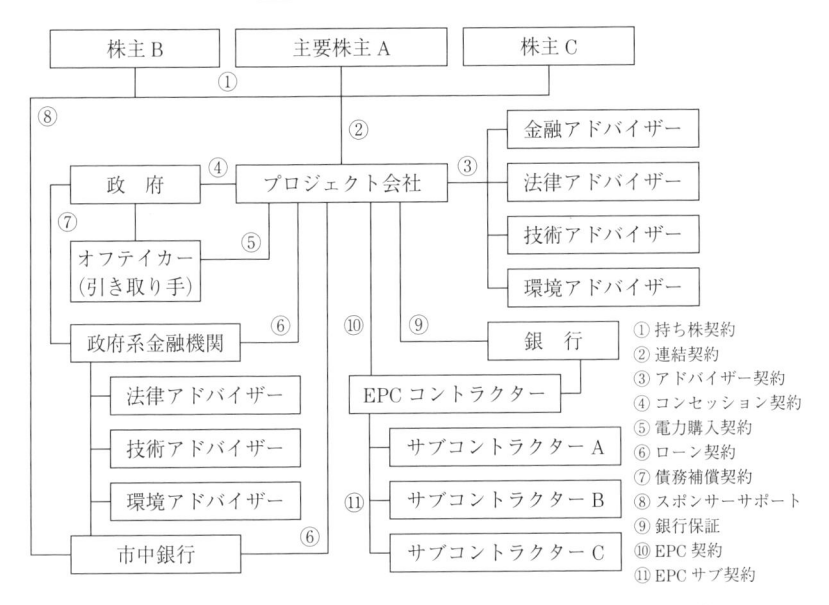

**図7.8** PFI方式による建設プロジェクトの運営・契約形態の例[6]

凡例：
① 持ち株契約
② 連結契約
③ アドバイザー契約
④ コンセッション契約
⑤ 電力購入契約
⑥ ローン契約
⑦ 債務補償契約
⑧ スポンサーサポート
⑨ 銀行保証
⑩ EPC契約
⑪ EPCサブ契約

(i) 政府機関とプロジェクト会社の間で締結されるコンセッション契約（図7.8の④）

(ii) プロジェクト会社と金融機関（レンダー）の間で締結されるローン契約（図7.8の⑥）

(iii) プロジェクト会社とEPCコントラクターの間で締結されるEPC契約（図7.8の⑩）

(iv) EPCコントラクターと下請会社との間で締結される建設・据付け等に関する契約（図7.8の⑪）

このうち，建設にかかわる契約は，プロジェクト会社とEPCコントラクターの間で締結されるEPC契約と，EPCコントラクターと下請会社との間で締結される建設契約である。また，プロジェクト会社と金融機関の間で締結されるローン契約は，プロジェクト自体のリスク分担の基本概念に大きな影響を与える。

民間資本活用方式でのプロジェクトでは，これまでのコーポレートファイナンスに代わり，プロジェクトファイナンスが検討される。プロジェクトファイ

ナンスでは，投資家に加え金融関係者も貸し手責任を負うことになるため，事業投資家および金融関係者は，プロジェクト会社が，プロジェクトが内包するリスクを厳しく評価し，キャッシュフローモデルに基づき配当収益率や**デットサービスカバーレシオ**†（debt service coverage ratio，**DSCR**）等の事業収益性にかかわる指標を正確に算出することを要求することになる。仮に，プロジェクトが内包するリスクが大きく，その事業収益性に不確定性が多い場合には，プロジェクトファイナンスによる融資が決定されないケースも想定される。

　このような課題に対して，詳細設計および建設工事を併せて分担することで合理的にプロジェクトでの運営開始（建設・据付フェーズ）までのリスクを回避する方策として，プロジェクト会社とEPCコントラクターの間にEPC／ターンキー契約が締結されることになる。民間資本活用方式での最大のリスク分担者は，いうまでもなくプロジェクト会社であるが，これに伴ってその建設契約の構造から，リスクがプロジェクト会社からEPCコントラクターへ，そしてEPCコントラクターから建設・据付け等の下請者へと分配・転嫁されることになる。

　しかし，リスク分担能力の低いプロジェクト参加者への不適切なリスク分配・転嫁は，新たなリスク連鎖を引き起こし，プロジェクトを遂行する上で重大な支障となる危険性を含んでいる。民間資本活用方式のプロジェクトでは，プロジェクト会社およびEPCコントラクターは，従来の公共団体に比べてリスク分担能力の低いプロジェクト参加者であるため，両者間でのプロジェクトリスクの分配ルールは，きわめて慎重に立案する必要がある。

　本書において繰り返し述べてきたように，建設プロジェクトは多様なリスク要因が内在している。このため，現実に，7.3.1項に示したアジア地区での民間資本活用方式による建設プロジェクトにおいても，**表7.3**に示すように全87件中14事例で運営開始段階前になんらかのトラブルが発生している。表に示すように，そのトラブルが発生した原因の多くは，リスク構造図で上位に位

---

　† 元金返済カバー率のことであり，債務返済能力を示す指標として用いられる。

## 7.3 国際プロジェクト概論

**表7.3** トラブルが発生した民間資本活用方式による建設プロジェクトの事例[7]

| プロジェクト名 | 金額〔百万ドル〕 | 主コンセッショネア（おもなプロジェクト会社） | 状況* | 課題分類 |
|---|---|---|---|---|
| 〈タイ〉 | | | | |
| セカンドステージハイウェイ | 1 000 | 熊谷組 | 没収 | 法律 |
| バンコクスカイトレイン | 1 800 | SCN ラバリン | 供用中 | 政治 |
| 高架鉄道・道路プロジェクト | 3 200 | ホープウェル | 延期 | 財政 |
| ドンムアン有料道 | 416 | ダイカフォフ＆ウィドマン | 供用中 | 経済 |
| バンコク高速鉄道 | 880 | タナヨン＆オアルソン | 遅延 | 環境 |
| 〈インド〉 | | | | |
| マンガロール発電所 | 2 800 | コンジェントリックス | 遅延 | 環境 |
| ダホール発電所 | 2 500 | エンロン | 遅延 | 社会 |
| 〈マレーシア〉 | | | | |
| プトラ LRT 2 | 880 | ラニョン | 遅延 | 技術 |
| 第二海峡道路 | 570 | ラニョン | 供用中 | 政治 |
| パンタイ高速道 | 240 | ラニョン | 延期 | 運営 |
| 〈パキスタン〉 | | | | |
| ハブ電力 | 1 500 | ナショナル電力＆エノール | 供用中 | 政治／法律 |
| 〈中国〉 | | | | |
| 広州-珠海ハイウェイ | 1 200 | ホープウェル | 供用中 | 運営 |
| 沙角発電所 | 1 100 | ホープウェル | 供用中 | 政治 |
| 〈インドネシア〉 | | | | |
| ジャヤティ発電所 | 1 770 | ホープウェル | 遅延 | 経済／物理 |

（＊）「状況」欄は 2002 年段階のものを示す。

置づけられる，国家レベル・市場レベルでのリスク要因に区分されるものとなっている．なお，表7.3の現状は，参考文献 7) に基づき 2002 年段階での状況を表すことに留意されたい．

つぎに，表7.3に示すトラブルが発生したプロジェクトのうち，タイの高架鉄道・道路プロジェクトの事例を紹介する．

このプロジェクトは，1995 年に立案されたバンコク マストランジット マスタープランにかかわる大量輸送交通網の整備の一環として実施されたものである．このマスタープランにおいて，バンコクでのマストランジット計画では，図7.9 に示すようにバンコク郡 BMA（Bangkok Metropolitan Area）にネット

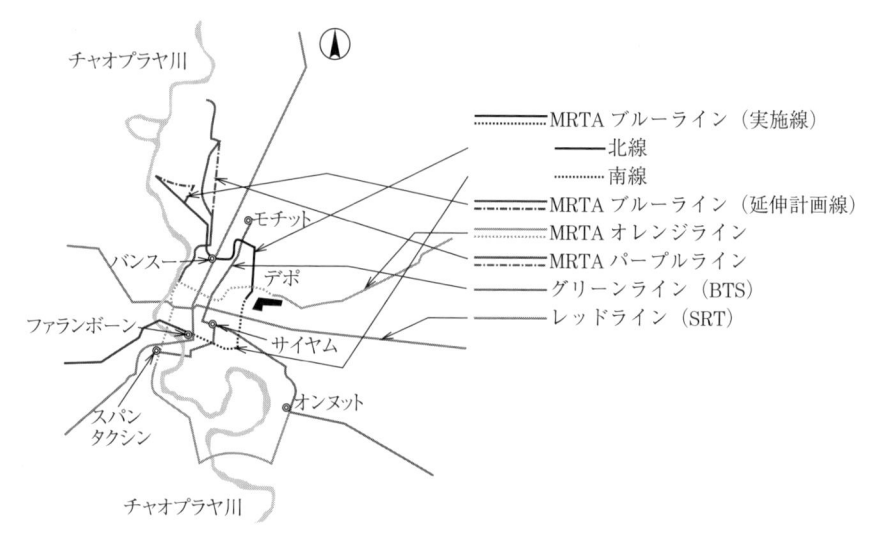

図7.9 バンコク マストランジット マスタープラン[10]

ワークを形成するとともに，BMAからバンコク首都圏BMR[†1]（Bangkok Metropolitan Region）を放射状に連結するMRTA[†2]システム（ブルーライン，以下バンコク地下鉄と呼ぶ）・MRTAシステム（オレンジライン）・MRTAシステム（パープルライン）・BMA[†3]システム（グリーンライン，以下BTS[†4]と呼ぶ）・SRT[†5]システム（レッドライン）の5路線が計画された[10]。このうち，表7.3に示す高架鉄道・道路プロジェクトは，現状ではレッドラインに相当するものであり，以下当該プロジェクトはレッドラインプロジェクトと称する。

レッドラインプロジェクトは，BOT方式で調達されたもので，プロジェクトの政府機関発注者およびプロジェクト会社は，それぞれつぎのとおりである。

[†1] バンコク首都圏とはバンコク都にサムートプラカン，パトンタニ，サムサコン，ナコンパトムおよびノンタブリの周辺5県を加えた地域のことである。
[†2] Mass Rapid Transit Authority：タイ高速度交通公社
[†3] Bangkok Mass Transit Authority：バンコク大量輸送交通公社
[†4] Bangkok Mass Transit System, Bangkok Sky Train：バンコク大量輸送システム社
[†5] State Railway of Thailand：タイ国鉄

## 7.3 国際プロジェクト概論

- 政府機関発注者：タイ国鉄
- プロジェクト会社：Hopewell（香港）

レッドラインプロジェクトは，1990年初頭から建設が開始されたが，発注者（タイ国鉄）より提示された設計条件・施工条件の現実との乖離等により，発注者とプロジェクト会社の間で紛争が発生し，交渉決裂後1997年にプロジェクト会社のBOT営業権が取り消され，工事中止に至っている。2010年時点でも，図7.10に示すように，現在供用中のタイ国鉄の線路脇に，建設途中の高架式鉄道の橋脚部分のみが数多く放置されており，現地では「現在のストーンヘンジ」と揶揄されている。

(a)　　　　　　　　　(b)

図7.10　レッドラインプロジェクトの現状

### 7.3.3　分離コンセッション方式による建設プロジェクトの構成および事例

図7.8に示したプロジェクト実施の基本的構造は，インフラ構造物の建設から運営・維持管理までを1社のプロジェクト会社が担当するものである。インフラ構造物の建設・運営・維持管理は，いずれも民間事業者であるプロジェクト会社の事業性にかかわる多様なリスク要因を含んでいることはいうまでもない。このようなプロジェクト会社の事業性にかかわる多様なリスク要因を軽減する方策として，建設と運営・維持管理を分離する調達方式，すなわち分離コンセッション方式による調達が近年増加しつつある。

具体的には，図7.7において波形をつけて示した3項目（図7.7のD，F，

Gに示す事項に相当）のうち，Dに相当する土木工事の変動額分のリスクは回避され，F, Gに相当するリスクがプロジェクト会社の負担分となる。

分離コンセッション方式によるプロジェクトの事例として，図7.11に示すバンコク地下鉄建設事業を取り上げる[10]。なお，バンコク地下鉄建設事業は，7.3.2で示したレッドラインプロジェクトと同様に，バンコクでのマストランジット計画の一環として実施されたものである。なお，バンコク地下鉄は，図7.9ではMRTAブルーライン（実施線）として示されている。

```
                          コンサルタント
            1) プロジェクトマネジメントコンサルタント
               プロジェクト全般管理
            2) 施工管理コンサルタント
               CSC1：南線・北線・エレベータ＆エスカレータ
               CSC2：デポ・軌道                            タイ市中銀行4行
            3) 機械・電気関係コンサルタント
                                                    主要出資者
                                                  タイ高速度交通公社
                                                  チョーカンチャン，BECL[*2]   ローン契約
                                                                            (L／A)
                      ローン契約                     持ち株契約
                      (L／A)[*1]     コンセッション契約    (SHA[*3])
        国際協力銀行（JBIC）  タイ高速度交通公社           BMCL
         （政府系金融機関）   （MRTA，政府機関）       （プロジェクト会社）
                                                                  ターンキー契約
                        コントラクター                        シーメンス
            コントラクターNo.1：ジョイントベンチャー BCKT      （機材・操業）
            コントラクターNo.2：ION ジョイントベンチャー
            コントラクターNo.3：SNMC ジョイントベンチャー      コントラクター
            コントラクターNo.4：ジョイントベンチャー CKSC      （土木関係維持管理）
            コントラクターNo.5：MMW ジョイントベンチャー

                             土木建設事業    操業・維持管理事業
```

（＊1）　L／A（loan agreement）：ローン契約
（＊2）　BECL（Bangkok Expressway Public Company Limited）：バンコク高速道路公社
（＊3）　SHA（shareholder agreement）：持ち株契約

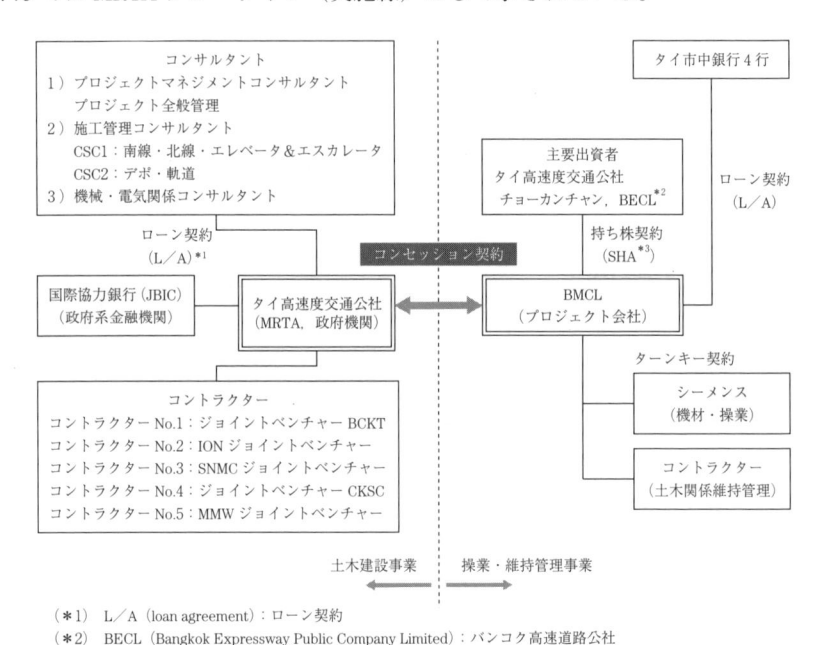

**図7.11**　建設および運営・維持管理に関する運営体制チャート

図7.11のプロジェクトの運営体制に示すように，同プロジェクトでは，建設工事（図では土木建設事業と記載）は，実施母体であるタイ高速度交通公社（MRTA）が，国際協力銀行（JBIC）とローン契約を締結して実施した。すなわち，地下鉄建設工事については，従来型の円借款事業により調達された。

また，運営・維持管理は，MRTAからプロジェクト会社であるバンコクメト

ロ（Bangkok Metro Public Company Limited，BMCL）が受託した．また，BMCLは車両・通信・信号の運営・維持管理，およびそのローカルスタッフへの教育・トレーニング一式を Siemens and Lincas（図7.11では，シーメンスと記載）とターンキー契約し，その他，土木インフラ関連施設はBMCLが実施している．

ここで，バンコク地下鉄建設事業が分離コンセッション方式となった過去の経緯は，以下のように要約される．

1975年：タイ国鉄高速鉄道公団がバンコク地下鉄計画を公表．
1981年：民間事業（BOT方式）として整備を図ろうとするが応募企業なし．
1990年：規模を縮小するとともに，地下鉄方式ではなく高架方式で再募集し，カナダのLavalin社と契約．
1992年：景観・環境問題から地下鉄方式への変更を閣議決定．
1992年：Lavalin社から辞退表明．
1992年：再度，BOT方式にて応募を行うが，地下鉄方式に決定されたため受注希望社なし．
1995年：土木インフラ部は日本の円借款方式にて建設されることに決定．
2000年：チョーカンチャン[†]とABNアムロ（オランダの金融グループ）が設立したコンソーシアムBMCLが，プロジェクト会社としての25年の経営権を獲得．
2004年：地下鉄ブルーライン開業（7月4日）．

上記の経緯に示すように，バンコク地下鉄建設事業は，7.3.2項に示したレッドラインプロジェクトと同様に，建設から運営・維持管理を一括した方式での発注（BOT方式）で計画された．しかし，応募社なしであったため，規模を縮小するとともに，地下鉄方式ではなく高架方式へ変更することでプロジェクト会社（Lavalin社）が現れた．また，閣議決定による地下鉄方式への変更に伴って応札プロジェクト会社が辞退し，再度BOT方式で地下鉄方式での応募を行うが受注希望社は現れなかった．この経緯は，地下鉄事業のプロジェクト会社の収入は主として料金収入によるが，その収入と建設コストとの関係から採算性に課題があると判断されたものと考えられる．このことは，当

---

[†] CH. Karnchang Public Company Limited：タイの大手建設会社（ゼネコン）

該プロジェクトと，図7.9に示す高架方式のグリーンラインプロジェクトでの概算値としての1m当りの事業費を比較すると，表3.1に示したように1500万円/mと500万円/mと約3倍高いことからも裏づけられる。

このような背景から，バンコク地下鉄建設事業が，分離コンセッション方式となったため，当該プロジェクトにおけるプロジェクト会社にとっての最大のリスク要因は，図7.7において波形をつけた3項目の変動要因のうち，Gに相当する地下鉄利用者による料金収入の変動となる。

ここで，一般論として，当該事業のような鉄道事業は，道路整備事業（有料道路等）と比較して，車両・付帯施設等の初期投資を要すること，かなりの規模での鉄道整備あるいはネットワークが形成されてから便益が発生すること等の要因により，投資の回収に時間を要することが知られている。加えて，地下鉄のような途上国においては新しい交通手段を導入した場合の利用者数の推移について考慮すべき事項がある。すなわち，日本のようなすでに地下鉄が整備されている先進国とは異なり，新しい交通手段を導入した場合には，既存のバス等の交通機関と比較しての利便性に関する認知度が必ずしも高くないと推察される。このため，概念的には途上国における新しい交通手段の利用者数の推移は，**図7.12**に示すように3フェーズに分かれるものと考えられる。すなわち，フェーズ1においては，新しい交通手段の利便性に関する認知度が必ずしも高くないことから，開業後の利用者数の増加はわずかである。つぎに，フェーズ2においては，しだいに認知度が高まるが，ある段階で利用者数は定常状態に到達する。最後に，フェーズ3においては，鉄道ネットワークが形成

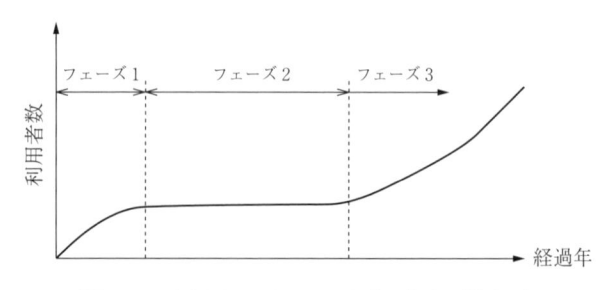

図7.12 途上国における利用者数の推移（模式図）

されてから周辺地域の開発が促進され便益が高まることから，再度急激に利用者数が増加する。

このような推移状況を踏まえて，移転までの数十年に渡る操業段階では，需要が初期の予測から大きく変動する可能性があるため，収入についても定額分と変動額分に分類することが一般的に注意事項として指摘されている。

実際に，このプロジェクトではコンセッション期間における，BMCL から MRTA への支払いは，表7.4 に示すように，大きく運賃収入対応分と駅構内店舗あるいは広告収入等による営業収入対応分に区分され，またそれぞれの対応分が固定分と収入連動分に区分される[10]。さらに表7.4 から，図7.12 に示す利用者数の推移を踏まえて，開業当初はバンコク地下鉄路線およびサービスエリアに関する認知度が不十分であることに起因して営業収益が予測値を下回ること，あるいは初期借入額の返済等を考慮して，支払いは開業当初は低い額に抑えられるとともに，年数を経過するにつれてその支払額が増加する契約となっているものと推察される。

**表7.4** コンセッション期間における BMCL から MRTA への支払い

| 運賃収入対応分（VAT 込み） | 営業収入対応分（VAT 込み） |
|---|---|
| 1） 支払い（固定分）<br>・総額 43 567 百万バーツ<br>（開業後 1～10 年免除，11～25 年の間支払い） | 1） 年間支払い（固定分）<br>・総額 930 百万バーツ<br>・年度分：10 百万バーツ<br>（開業後 1～8 年）<br>・年度分：50 百万バーツ<br>（開業後 9～25 年） |
| 2） 年間支払（収入連動分）<br>・年間収入の 1 %（開業後 1～14 年）<br>・年間収入の 2 %（開業後 15 年）<br>・年間収入の 5 %（開業後 16～18 年）<br>・年間収入の 15 %（開業後 19～25 年） | 2） 年間支払（収入連動分）<br>・年間収入の 7 %<br>（開業後 1～25 年，全期間定額） |

（注） 引用・参考文献 10) および MRTA ヒアリング結果による。

なお，表7.2，表7.3 に示したように，世界的な規模では分離コンセッション方式を含む民間資本活用方式でのインフラ構造物の調達プロジェクト数が増加しつつある。これに伴い，海外の建設会社は，従来の建設工事を請け負うば

かりでなく，プロジェクト会社として参画する事例が増加しつつある。

例えば，図7.11に示したバンコク地下鉄事業のプロジェクト会社であるBMCLの主出資社であるチョーカンチャンは，そのほかに以下に示すプロジェクトのプロジェクト会社として参画している[11]。

① バンコク高速道路公社（BECL）

30年 **BTO**（build-transfer-operate, 建設・譲渡・運営）方式，バンコクにおける高速道路事業

② Thai Tap Water Supply Company Limited

30年 BOO方式，バンコクにおける水道事業

③ SouthEast Asia Energy Limited

25年 BOT方式，ラオスにおける水力発電開発事業

さらに，現状（2010年時点）で売上規模で世界最大の建設会社であるバンシ（VINCI）社（フランス）は，**図7.13**の同社の収益構造に示すように，全収益の17％をコンセッション契約のプロジェクト会社として得ている[12]。

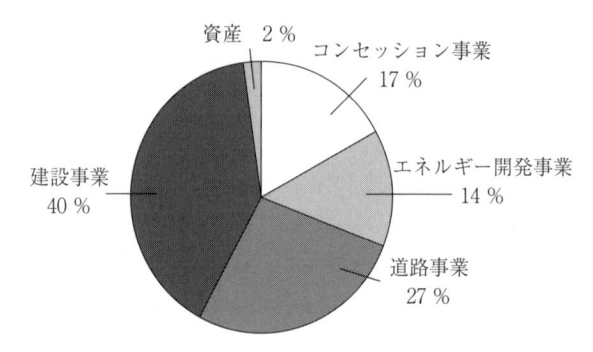

**図7.13** バンシ社の収益構造[12]

これに対して現状では，日本からの海外でのプロジェクト会社としての参画社は主として総合商事会社であり，他の国々とは際立った相違を示している。今後，日本の建設会社も国際競争力を有し，海外建設プロジェクトにおけるプロジェクト会社として参画する事例が増加することが期待される。

## 演習問題

〔7.1〕 ODA の歴史について調査せよ。

〔7.2〕 日本はかつて ODA の債務国であった。その援助の歴史とともに，その援助によって建設した代表的なインフラ構造物を調査せよ。

〔7.3〕 日本の ODA のうち，技術協力事業について調査せよ。

〔7.4〕 インフラ構造物整備事業をコンセッション契約により実施する場合の，政府機関発注者およびプロジェクト会社のそれぞれの利点・長所について調査せよ。

〔7.5〕 世界的には，チョーカンチャン社（タイ）およびバンシ社（フランス）のように，海外建設プロジェクトにおいてプロジェクト会社として参画する事例が増加する傾向が見られる状況について考察せよ。

# 引用・参考文献

## 1章

1) 齋藤　隆：建設プロジェクトマネジャーの資質と能力に関する基礎的研究，建設マネジメント研究論文集，Vol.12，pp.207-218（2005）
2) PMI Standards Committee：A Guide to the Project Management Body of Knowledge（2000）
3) エンジニアリング振興協会監修：エンジニアリングプロジェクトマネジメント用語辞典，重化学工業通信社（1986）
4) 嘉数　啓，吉田恒明：アジア型開発の課題と展望，名古屋大学出版会（1997）
5) 道路投資の評価に関する研究委員会編：道路投資の評価に関する指針（案），日本総合研究所（1998）
6) 大津宏康，尾ノ井芳樹，大西有三，足立　純：PFIプロジェクトの地盤に起因する建設コスト変動評価に関する研究，土木学会論文集，No.777，VI-65，pp.175-186（2004）
7) Coface：THE HANDBOOK OF COUNTRY RISK 2002, Coface and Kogan Page Limited（2002）

## 2章

1) 飯田恭敬編著：土木計画システム分析，森北出版（2002）
2) Graham, J. R. and Harvey, C. R.：The theory and practice of corporate finance：Evidence from the field, Journal of Financial Economics, 61（2001）
3) 嘉数　啓，吉田恒明：アジア型開発の課題と展望，名古屋大学出版会（1997）
4) 国際協力機構：2005年度円借款事業評価年次報告書ホームページ，バンコク上水道配水網改善事業（タイ）
http://www.jica.go.jp/activities/evaluation/oda_loan/after/2005/pdf/project02_full.pdf（2011年3月現在）
5) 国際協力機構：2005年度円借款事業評価年次報告書ホームページ，地方幹線道路網改良事業（タイ）
http://www.jica.go.jp/activities/evaluation/oda_loan/after/2005/pdf/project03_full.pdf（2011年3月現在）

6) 国際協力機構:事業評価年次報告書ホームページ
   http://www.jica.go.jp/activities/evaluation/general_new/index.html（2011年3月現在）
7) 土木学会編:岩盤構造物の建設と維持管理におけるマネジメント，土木学会（2009）
8) 道路投資の評価に関する研究委員会:道路投資の評価に関する指針（案），日本総合研究所（1998）
9) 井村秀文:建設のLCA，オーム社（2001）
10) 稲積真哉，大津宏康，勝見　武，有薗大樹:社会基盤構造物の環境負荷・便益評価とバンコク地下鉄建設事業への適用例，土木学会論文集F，Vol.**65**，No.3，pp.313-325（2009）
11) 大津宏康:バンコク地下鉄建設事業の環境への影響評価，JICA評価報告書2008，pp.103-104（2009）
12) 国際協力機構:事業評価年次報告書ホームページ，バンコク地下鉄建設事業の環境への影響評価──インフラ事業への環境会計の導入──
    http://www.jica.go.jp/activities/evaluation/general_new/2008/pdf/part03_z02_03.pdf（2011年3月現在）

## 3章

1) 大津宏康，尾ノ井芳樹，大西有三，足立　純:PFIプロジェクトの地盤に起因する建設コスト変動評価に関する研究，土木学会論文集，No.777，Ⅵ-65，pp.175-186（2004）
2) 織田澤利守，小林潔司:海外プロジェクトにおけるリスク分担と利潤構造，土木学会建設マネジメント発表会講演概要集，pp.175-178（2001）
3) 織田澤利守，小林潔司:プロジェクトの事前評価と再評価，土木学会論文集，No.737，Ⅳ-60，pp.189-202（2003）
4) 大津宏康:プロジェクトコストのリスク評価，Summer School 2010 ──建設マネジメントを考える──（テキスト），pp.213-218（2010）
5) 財団法人建設物価調査会:土木工事積算基準マニュアル　平成21年度版（2009）

## 4章

1) Chapman, C. and Ward, S.：Project Risk Management, John Wiley & Sons (1997)
2) 武井 勲：リスクマネージメント総論，中央経済社 (2000)
3) The Society for Risk Analysis：リスク解析学会のホームページ
   http://www.sra.org/ (2011年3月現在)
4) Flanagan, R. and Norman, G.：Risk Management and Construction, Blackwell Science (1993)
5) 大津宏康，大西有三：開発途上国建設プロジェクトでの請負者のリスク管理に関する研究，土木学会論文集，No.707, VI-55, pp.207-218 (2002)
6) 海外経済協力基金開発援助研究所：円借款案件事後評価報告書 1998 (1998)
7) 海外経済協力基金開発援助研究所：円借款案件事後評価報告書 1999-上巻 (1999)
8) 海外経済協力基金開発援助研究所：円借款案件事後評価報告書 1999-下巻 (1999)
9) Milgrom, P. and Roberts, J.（奥野正寛ほか訳）：組織の経済学，NTT出版 (1997)
10) Ang, A. H.-S. and Tang, W. H.（伊藤 學，亀田弘行，黒田勝彦，藤野陽三共訳）：土木・建築のための確率・統計の応用，丸善，pp.357-468 (1988)
11) Zhi, H.：Risk Management for Overseas Construction Projects, International Journal of Projects Management, Vol.13, No.14, pp.231-237 (1995)
12) Benjamin, J. R. and Cornell, A. A.：Probability, Statistics and Decision for Civil Engineers, McGraw-Hill, pp.578-580 (1970)
13) 大津宏康，大西有三，水谷 守：高速道路に近接する斜面を対象とした自然災害に対するリスクマネジメント手法に関する提案，土木学会論文集，No.658, VI-48 (2000)
14) 山下智志：市場リスクの計量化とVaR，朝倉書店 (2000)
15) 国際協力機構：事業評価年次報告書ホームページ
    http://www.jica.go.jp/activities/evaluation/general_new/index.html (2011年3月現在)

## 6章

1) Flanagan, R. and Norman, G.：Risk Management and Construction, Blackwell Science (1993)

2) 大津宏康，尾ノ井芳樹，大本俊彦，大西有三，西山　哲，黄瀬周作：PFI建設プロジェクトでの地下リスク評価及び分担に関する研究，土木学会論文集，No.721，Ⅵ-57，pp.193-205（2002）
3) 中央建設業審議会：公共工事標準請負契約約款　改訂版（1989）
4) 小林潔司，大本俊彦，横松宗大，若公崇敏：建設請負契約の構造と社会的効率性，土木学会論文集，No.688，Ⅳ-53，pp.89-100（2001）
5) 大本俊彦，小林潔司，若公崇敏：建設請負契約におけるリスク分担，土木学会論文集，No.693，Ⅳ-53，pp.205-217（2001）
6) FIDIC：Conditions of Contract for Construction for Building and Engineering Works Designed by the Employer（1st edition）（1999）
7) FIDIC：Conditions of Contract for Plant and Design-Build for Electrical and Mechanical Plant, and for Building and Engineering Works, by the Contractor（1st edition）（1999）
8) FIDIC：Conditions of Contract for EPC Turnkey Projects（1st edition）（1999）
9) 草柳俊二：定量的分析を基盤とした国際建設プロジェクトの契約管理，土木学会論文集，No.609，Ⅵ-41，pp.87-98（1998）
10) 大本俊彦：Dispute Board 紛争処理委員会，日刊建設工業新聞社（2010）
11) ITA：第36回 ITA総会およびコングレス・オープンセッションのホームページ
http://www.wtc2010.org/documents/OpenSession1w.pdf（2011年3月現在）
12) Milgrom, P. and Roberts, J.（奥野正寛ほか訳）：組織の経済学，NTT出版（1997）

# 7章

1) 大津宏康：建設分野におけるリスク工学の適用性とその展望，土木学会論文集，No.728，Ⅵ-58，pp.1-16（2003）
2) 外務省監修：経済協力参加への手引き
http://www.apic.or.jp/plaza/tebiki/（2011年3月現在）
3) 国際協力銀行：国際協力便覧2005/2006（2006）
4) 大津宏康，大西有三：開発途上国建設プロジェクトでの請負者のリスク管理に関する研究，土木学会論文集，No.707，Ⅵ-55，pp.207-218（2002）
5) 大津宏康，尾ノ井芳樹，大西有三，高橋　徹：ODA建設プロジェクトにおけるリスク分析とその対応に関する一考察，土木学会論文集，No.714，Ⅵ-56，

pp.155-162（2002）

6) 大津宏康，尾ノ井芳樹，大本俊彦，大西有三，西山　哲，黄瀬周作：PFI建設プロジェクトでの地下リスク評価及び分担に関する研究，土木学会論文集，No.721, VI-57, pp.193-205（2002）

7) Kwak, Y. H.：Analyzing Asian Infrastructure Development Privatization Market, ASCE, Journal of Construction Engineering and Management, Vol.**128**, No.2, pp.110-116（2002）

8) Head, C.：Financing of Private Hydropower Projects, World Bank-Discussion Paper, No.420, The World Bank（2000）

9) 大津宏康，尾ノ井芳樹，大西有三，足立　純：PFIプロジェクトの地盤に起因する建設コスト変動評価に関する研究，土木学会論文集，No.777, VI-65, pp.175-186（2004）

10) 国際協力機構：事後段階の評価（事後評価・事後モニタリング）ホームページ，バンコク地下鉄建設事業 I‐V
http://www2.jica.go.jp/ja/evaluation/pdf/2007_TXXI-4_4_f.pdf（2011年3月現在）

11) CH. Karnchang Public Company：コンセッションプロジェクトに関するホームページ
http://www.ch-karnchang.co.th/infrastructure_invest_overview_en.php（2011年3月現在）

12) VINCI：Annual Report ホームページ
http://publi.vinci.com/vinci/2006-vinci-annual-report.pdf（2011年3月現在）

# 演習問題解答

## 1章

〔1.1〕 建設プロジェクトの特徴としては，工業製品のように大量の同じものが生産されるのではなく一品生産であり，開始から終了までの期間（工期）が長いことが挙げられる。さらに，予見できない天候の変動あるいは地下条件等の多くのリスク要因を含んでいることも，建設プロジェクトの特徴として挙げられる。

〔1.2〕 個人の成功体験の多くは，その時代の社会情勢・経済情勢という，いうなれば境界条件に相当する社会環境に依存するものである。このため，右肩上がりの社会環境の下での成功体験は，現状のままの現状維持あるいは右肩下がりでの環境では有益でないことが想定される。しかし，個人の成功体験を否定することは受け入れ難いことである。したがって，この課題に対処するためには，個人の成功体験は，なぜ成功したかを分析し一般的な場の問題として体系化することが必要になると考えられる。

プロ野球の野村元楽天監督の弁にあるように，「勝ちに不思議な勝ちあり」，「負けに不思議な負けなし」といえよう。なぜ勝ったかを分析することが，つぎの勝ちにつながるといえよう。

〔1.3〕 カントリーリスクとは，プロジェクトで対象とする国あるいは地域の政治的状況，文化的および宗教的な習慣等が日本と異なることによって支障が生じることを総称するものである。具体的には，規則・契約遵守の認識の違い，教育環境の違い等のさまざまな事項が挙げられるであろう。

〔1.4〕 一般的には，不確実性（uncertainty）とリスク（risk）はほぼ同意語のように使用されることが多い。しかし，狭義の定義として，両者は以下のように区別されることもある。
・不確実性（uncertainty）とは，数学的にモデル化することが不可能な事象。
・リスク（risk）とは，数学的にモデル化することが可能な事象。

〔1.5〕 各人で参考資料を調べることで，理解を深めよ。

## 2章

〔2.1〕 （社会的割引率 $i=0.04$）
a） case 1（在来工法）　**解表 2.1** を作成して求める。

純現在価値：NPV＝12 180.04－5 811.86＝6 368.18
費用便益比：$B/C$＝12 180.04／5 811.86＝2.10
内部収益率：IRR＝8.76 ％

**解表2.1**

| No. | 便益 $B$ | 割引便益 | 費用 $C$ | 割引費用 | $B-C$ |
|---|---|---|---|---|---|
| 1 | 0 | 0.00 | 300 | 288.46 | －300 |
| 2 | 0 | 0.00 | 1 500 | 1 386.83 | －1 500 |
| 3 | 0 | 0.00 | 2 400 | 2 133.59 | －2 400 |
| 4 | 0 | 0.00 | 1 500 | 1 282.21 | －1 500 |
| 5 | 0 | 0.00 | 300 | 246.58 | －300 |
| 6 | 0 | 0.00 | 600 | 474.19 | －600 |
| 7 | 750 | 569.94 | 0 | 0 | 750 |
| 8 | 750 | 548.02 | 0 | 0 | 750 |
| 9 | 750 | 526.94 | 0 | 0 | 750 |
| 10 | 750 | 506.67 | 0 | 0 | 750 |
| 11 | 750 | 487.19 | 0 | 0 | 750 |
| 12 | 750 | 468.45 | 0 | 0 | 750 |
| 13 | 750 | 450.43 | 0 | 0 | 750 |
| 14 | 750 | 433.11 | 0 | 0 | 750 |
| 15 | 750 | 416.45 | 0 | 0 | 750 |
| 16 | 750 | 400.43 | 0 | 0 | 750 |
| 17 | 750 | 385.03 | 0 | 0 | 750 |
| 18 | 750 | 370.22 | 0 | 0 | 750 |
| 19 | 750 | 355.98 | 0 | 0 | 750 |
| 20 | 750 | 342.29 | 0 | 0 | 750 |
| 21 | 750 | 329.13 | 0 | 0 | 750 |
| 22 | 750 | 316.47 | 0 | 0 | 750 |
| 23 | 750 | 304.29 | 0 | 0 | 750 |
| 24 | 750 | 292.59 | 0 | 0 | 750 |
| 25 | 750 | 281.34 | 0 | 0 | 750 |
| 26 | 750 | 270.52 | 0 | 0 | 750 |
| 27 | 750 | 260.11 | 0 | 0 | 750 |
| 28 | 750 | 250.11 | 0 | 0 | 750 |
| 29 | 750 | 240.49 | 0 | 0 | 750 |
| 30 | 750 | 231.24 | 0 | 0 | 750 |

**解表 2.1** （続き）

| | | | | | |
|---|---|---|---|---|---|
| 31 | 750 | 222.35 | 0 | 0 | 750 |
| 32 | 750 | 213.79 | 0 | 0 | 750 |
| 33 | 750 | 205.57 | 0 | 0 | 750 |
| 34 | 750 | 197.66 | 0 | 0 | 750 |
| 35 | 750 | 190.06 | 0 | 0 | 750 |
| 36 | 750 | 182.75 | 0 | 0 | 750 |
| 37 | 750 | 175.72 | 0 | 0 | 750 |
| 38 | 750 | 168.96 | 0 | 0 | 750 |
| 39 | 750 | 162.47 | 0 | 0 | 750 |
| 40 | 750 | 156.22 | 0 | 0 | 750 |
| 41 | 750 | 150.21 | 0 | 0 | 750 |
| 42 | 750 | 144.43 | 0 | 0 | 750 |
| 43 | 750 | 138.88 | 0 | 0 | 750 |
| 44 | 750 | 133.53 | 0 | 0 | 750 |
| 45 | 750 | 128.40 | 0 | 0 | 750 |
| 46 | 750 | 123.46 | 0 | 0 | 750 |
| 47 | 750 | 118.71 | 0 | 0 | 750 |
| 48 | 750 | 114.15 | 0 | 0 | 750 |
| 49 | 750 | 109.76 | 0 | 0 | 750 |
| 50 | 750 | 105.53 | 0 | 0 | 750 |
| 計 | 33 000 | 12 180.04 | 6 600 | 5 811.86 | |

b） case 2（新工法）　　**解表 2.2** を作成して求める。

純現在価値：$NPV = 14\,697.07 - 12\,093.20 = 2\,603.87$

費用便益比：$B/C = 14\,697.07 / 12\,093.20 = 1.22$

内部収益率：$IRR = 5.17\%$

以上の結果より，純現在価値 NPV および費用便益比 $B/C$ の比較で，いずれも case 1（在来工法）のほうが大きいことから，case 1（在来工法）が採択されることになる。

**解表 2.2**

| No. | 便益 $B$ | 割引便益 | 費用 $C$ | 割引費用 | $B-C$ |
|---|---|---|---|---|---|
| 1 | 0 | 0.00 | 12 000 | 11 538.46 | $-12\,000$ |
| 2 | 0 | 0.00 | 600 | 554.73 | $-600$ |
| 3 | 750 | 666.75 | 0 | 0 | 750 |
| 4 | 750 | 641.10 | 0 | 0 | 750 |
| 5 | 750 | 616.45 | 0 | 0 | 750 |
| 6 | 750 | 592.74 | 0 | 0 | 750 |
| 〜 | 〜 | 〜 | 〜 | 〜 | 〜 |
| 計 | 36 000 | 14 697.07 | 12 600 | 12 093.20 | |

（注） No.7〜50 は解表 2.1 と同じであるため省略。

〔2.2〕（社会的割引率 $i=0.12$）

a） case 1（在来工法）　　**解表 2.3** を作成して求める。

純現在価値：NPV＝3 144.82−4 599.40＝−1 454.59

**解表 2.3**

| No. | 便益 $B$ | 割引便益 | 費用 $C$ | 割引費用 | $B-C$ |
|---|---|---|---|---|---|
| 1 | 0 | 0.00 | 300 | 267.86 | $-300$ |
| 2 | 0 | 0.00 | 1 500 | 1 195.79 | $-1\,500$ |
| 3 | 0 | 0.00 | 2 400 | 1 708.27 | $-2\,400$ |
| 4 | 0 | 0.00 | 1 500 | 953.28 | $-1\,500$ |
| 5 | 0 | 0.00 | 300 | 170.23 | $-300$ |
| 6 | 0 | 0.00 | 600 | 303.98 | $-600$ |
| 7 | 750 | 339.26 | 0 | 0.00 | 750 |
| 8 | 750 | 302.91 | 0 | 0.00 | 750 |
| 9 | 750 | 270.46 | 0 | 0.00 | 750 |
| 10 | 750 | 241.48 | 0 | 0.00 | 750 |
| 11 | 750 | 215.61 | 0 | 0.00 | 750 |
| 12 | 750 | 192.51 | 0 | 0.00 | 750 |
| 13 | 750 | 171.88 | 0 | 0.00 | 750 |
| 14 | 750 | 153.46 | 0 | 0.00 | 750 |
| 15 | 750 | 137.02 | 0 | 0.00 | 750 |
| 16 | 750 | 122.34 | 0 | 0.00 | 750 |
| 17 | 750 | 109.23 | 0 | 0.00 | 750 |

**解表 2.3** (続き)

| 18 | 750 | 97.53 | 0 | 0.00 | 750 |
|---|---|---|---|---|---|
| 19 | 750 | 87.08 | 0 | 0.00 | 750 |
| 20 | 750 | 77.75 | 0 | 0.00 | 750 |
| 21 | 750 | 69.42 | 0 | 0.00 | 750 |
| 22 | 750 | 61.98 | 0 | 0.00 | 750 |
| 23 | 750 | 55.34 | 0 | 0.00 | 750 |
| 24 | 750 | 49.41 | 0 | 0.00 | 750 |
| 25 | 750 | 44.12 | 0 | 0.00 | 750 |
| 26 | 750 | 39.39 | 0 | 0.00 | 750 |
| 27 | 750 | 35.17 | 0 | 0.00 | 750 |
| 28 | 750 | 31.40 | 0 | 0.00 | 750 |
| 29 | 750 | 28.04 | 0 | 0.00 | 750 |
| 30 | 750 | 25.03 | 0 | 0.00 | 750 |
| 31 | 750 | 22.35 | 0 | 0.00 | 750 |
| 32 | 750 | 19.96 | 0 | 0.00 | 750 |
| 33 | 750 | 17.82 | 0 | 0.00 | 750 |
| 34 | 750 | 15.91 | 0 | 0.00 | 750 |
| 35 | 750 | 14.20 | 0 | 0.00 | 750 |
| 36 | 750 | 12.68 | 0 | 0.00 | 750 |
| 37 | 750 | 11.32 | 0 | 0.00 | 750 |
| 38 | 750 | 10.11 | 0 | 0.00 | 750 |
| 39 | 750 | 9.03 | 0 | 0.00 | 750 |
| 40 | 750 | 8.06 | 0 | 0.00 | 750 |
| 41 | 750 | 7.20 | 0 | 0.00 | 750 |
| 42 | 750 | 6.43 | 0 | 0.00 | 750 |
| 43 | 750 | 5.74 | 0 | 0.00 | 750 |
| 44 | 750 | 5.12 | 0 | 0.00 | 750 |
| 45 | 750 | 4.57 | 0 | 0.00 | 750 |
| 46 | 750 | 4.08 | 0 | 0.00 | 750 |
| 47 | 750 | 3.65 | 0 | 0.00 | 750 |
| 48 | 750 | 3.26 | 0 | 0.00 | 750 |
| 49 | 750 | 2.91 | 0 | 0.00 | 750 |
| 50 | 750 | 2.60 | 0 | 0.00 | 750 |
| 計 | 33 000 | 3 144.82 | 6 600 | 4 599.40 | |

b) case 2（新工法）　　**解表 2.4** を作成して求める。

純現在価値：NPV = 4 960.84 − 11 192.61 = −6 231.77

**解表 2.4**

| No. | 便益 $B$ | 割引便益 | 費用 $C$ | 割引費用 | $B-C$ |
|---|---|---|---|---|---|
| 1 | 0 | 0.00 | 12 000 | 10 714.29 | −12 000 |
| 2 | 0 | 0.00 | 600 | 478.32 | −600 |
| 3 | 750 | 533.84 | 0 | 0.00 | 750 |
| 4 | 750 | 476.64 | 0 | 0.00 | 750 |
| 5 | 750 | 425.57 | 0 | 0.00 | 750 |
| 6 | 750 | 379.97 | 0 | 0.00 | 750 |
| 計 | 36 000 | 4 960.84 | 12 600 | 11 192.61 | |

（注）　No.7 〜 50 は解表 2.3 と同じであるため省略。

いずれの工法を用いた場合にも，純現在価値 NPV＜0 となることから，本プロジェクトは採択されないことになる。

〔2.3〕〔2.1〕に示した費用・便益解析結果では，民間資本でプロジェクト実施する際に必要となる資金調達コストを考慮していない。一般に，民間資金の調達コスト（資本コスト）は，社会的割引率（0.04）より大きい，また，大規模プロジェクトにおいては，返済が長期にわたることから，返済金利の変動はプロジェクトにおける重大なリスク要因となる。このため，新工法を用いて工期を短縮することで，早期に料金収入が得られることに加えて，金利の変動リスクにさらされる危険性が低減されることから，直接投資コストが大きいにもかかわらず，新工法が採択される可能性も否定できない。

〔2.4〕温室効果ガス削減効果のほかに，社会レベルの便益に相当すると解釈される事項の代表例としては，建設時あるいは交通機関操業時の騒音削減，景観等が挙げられる。ただし，これらの事例については，現状ではその社会レベルでの重要性は認識されてはいるが，貨幣価値としての計量化は実施されていない。

〔2.5〕先進国においては，地下鉄整備あるいはバイパス道路建設に伴い，通行車両数の削減，あるいは通行車両の燃費改善効果が生じるため温室効果ガス削減効果が期待される。しかし，途上国においては，地下鉄整備あるいはバイパス道路建設に伴い経済が成長することにより，通行車両数自体が増加することが想定されるため，先進国と同等の温室効果ガス削減効果を期待することはできないことが一般的であると推察される。

演 習 問 題 解 答

# 3章

〔3.1〕 ・コストは，プロジェクトを実施する，あるいは製品を生産するのに必要となる費用であり，一般的には観察不可能である。
・プライスは，市場（マーケット）が決定するものであり，ブランド力等で決まる場合が多く，コストとは無関係である場合もある。
上記の定義の下で，建設プロジェクトの場合には，明確な市場（マーケット）が存在しないため，コストとプライスがあたかも同義であるかのようにとらえられていることが多いことに留意されたい。

〔3.2〕 アセットマネジメントに関してはさまざまな定義が考えられると思われるが，以下に示すアメリカ連邦道路局 Federal Highway Administration（FHWA, 1997）による定義の抜粋が最も適切であると推察される。

"Infrastructure asset management is a systematic process of maintaining, upgrading, and operating physical assets cost-effectively. It combines <u>engineering principles with sound business practices and economic theory</u>, and it provides tools to facilitate a more organized, logical approach to <u>decision-making</u>. Thus, infrastructure asset management provides a framework for handling both <u>short-and long-range planning</u>."

キーワードは，下線を施した「工学原理と健全なビジネスの実践と経済理論の結合」，「意思決定」および「短期・長期の計画」である。

〔3.3〕 一般論として，地下鉄工事では高架方式に比べて，掘削土量が多くなることに加えて，シールドマシンに代表される機材費のコストが支配的になることが挙げられる。

〔3.4〕 この課題に関しては，さまざまな要因が挙げられるが，その代表的なものとしては，単価設定の標準化が図られることが挙げられる。

〔3.5〕 各人で演算することで，積算への理解を深めよ。

# 4章

〔4.1〕 さまざまな事項が想定されるが，代表的なものとしては，つぎのような事項が挙げられる。
① 公共交通網が整備されていること。加えて，料金表示および社内案内が英語でなされること。
② トイレが清潔であること。
③ オフィス・ビジネスセンターに英語などの言語に対応可能なスタッフがそろっていること。
④ リゾートが完備されていること。

なお，東アジア・東南アジアにおいて，①の公共交通網が整備されたのは，香港・シンガポール・クアラルンプールの順であるとともに，これらの都市は，いずれも公用語が英語であることに留意されたい。また，東南アジアには，ペナン（マレーシア），パタヤ・プーケット（タイ），バリ（インドネシア）等のリゾートが多いことも興味深い。一方，日本は，上記の①～④の条件が満足されているかを考えることも必要であると推察される。

〔4.2〕「複雑な許認可過程」の具体的な事例は，つぎのような事項が挙げられる。
・縦割り行政の弊害としての許認可が，役所ごとで異なること。
・工事用地の取得。
・中央政府と地方政府との連絡体制の不備，および意思の不一致。
・地方政府と地域住民とのコミュニケーション不足。

上記の項目は，必ずしも途上国特有のものではなく，日本においても頻繁に発生しているものであることに留意されたい。

〔4.3〕 国際協力機構（JICA）の事業評価年次報告書ホームページに掲載されているプロジェクトの事後評価報告書には，実際にプロジェクト実施中に顕在化した多様なリスク要因について記述されているため，当該分野の知識を高める上で有益である。

〔4.4〕 **解図**4.1のETより，各設問は以下のように算定される。
（1） $p_B = 0.1 + 0.1 = 0.2$，　$p_C = 0.4$
（2） 期待値は460千円となるが，C大学進学の場合には1000千円が必要となるため，結局両親は1000千円を用意することが必要となる。

この実際に必要となる金額と期待値との相違が，この問題におけるリスクとも解釈される。

| イベント（入試） | | シナリオ $i$ | $p_i$ | $C_i$ | $p_i \times C_i$ |
|---|---|---|---|---|---|
| C大学 | B大学 | | | | |
| OK 0.5 | OK 0.2 | 1： B大学進学 | 0.1 | 300 000 | 30 000 |
| | NOT 0.8 | 2： C大学進学 | 0.4 | 1 000 000 | 400 000 |
| NOT 0.5 | OK 0.2 | 3： B大学進学 | 0.1 | 300 000 | 30 000 |
| | NOT 0.8 | 4： 浪人 | 0.4 | 0 | 0 |
| | | 計 | 1.0 | 計 | 460 000 |

**解図**4.1

# 5章

〔5.1〕 日本の若者は，失われた10年以降，経済が発展しないことが日常化しているため，投資的な行動パターンを控えるリスク回避的な行動をとりがちである。また，現在の日本は失敗が社会的に許されない風潮であることも，この一因であると考えられる。

これに対して，東南アジアの若者は，経済はまだ成長過程であることから，悲観的なシナリオが発生する危険性があっても，ハイリターンが見込める場合には，それにチャレンジするという傾向が認められる。

〔5.2〕 解表5.1を作成して求める。
期待値：$\mu = 3.30 \%$
分散：$\sigma^2 = 13.40 - 3.3 \times 3.3 = 2.51$
標準偏差：$\sigma = 1.58 \%$

**解表5.1**

| シナリオ分類 | 確率 $p$ | 収益率 $r$〔%〕 | $pr$ | $pr^2$ |
|---|---|---|---|---|
| シナリオ1 | 0.05 | 7.0 | 0.35 | 2.45 |
| シナリオ2 | 0.05 | 6.0 | 0.30 | 1.80 |
| シナリオ3 | 0.10 | 5.0 | 0.50 | 2.50 |
| シナリオ4 | 0.15 | 4.0 | 0.60 | 2.40 |
| シナリオ5 | 0.40 | 3.0 | 1.20 | 3.60 |
| シナリオ6 | 0.15 | 2.0 | 0.30 | 0.60 |
| シナリオ7 | 0.05 | 1.0 | 0.05 | 0.05 |
| シナリオ8 | 0.05 | 0.0 | 0.00 | 0.00 |
| 計 | 1.00 |  | 3.30 | 13.40 |

〔5.3〕（1） 以下のように誘導される。

$$\mu_Z = \mathrm{E}\left[aX_1 + bX_2 + cX_3 + d\right] = a\mathrm{E}\left[X_1\right] + b\mathrm{E}\left[X_2\right] + c\mathrm{E}\left[X_3\right] + d$$

$$\sigma_Z = \mathrm{VAR}\left[aX_1 + bX_2 + cX_3 + d\right]$$
$$= a^2\mathrm{VAR}\left[X_1\right] + b^2\mathrm{VAR}\left[X_2\right] + c^2\mathrm{VAR}\left[X_3\right] + 2\rho_{12}ab\sqrt{\mathrm{VAR}\left[X_1\right]}\sqrt{\mathrm{VAR}\left[X_2\right]}$$
$$+ 2\rho_{23}ab\sqrt{\mathrm{VAR}\left[X_2\right]}\sqrt{\mathrm{VAR}\left[X_3\right]} + 2\rho_{31}ab\sqrt{\mathrm{VAR}\left[X_3\right]}\sqrt{\mathrm{VAR}\left[X_1\right]}$$

（2） 以下のように算定される。

プロジェクトAの分散　　　　　3.160
（標準偏差）　　　　　　　　　1.778

| | |
|---|---|
| プロジェクトBの分散 | 8.040 |
| (標準偏差) | 2.835 |
| プロジェクトCの分散 | 1.023 |
| (標準偏差) | 1.011 |
| プロジェクトAとBの共分散 | $-4.930$ |
| (相関係数) | $-0.978$ |
| プロジェクトBとCの共分散 | $-1.345$ |
| (相関係数) | $-0.469$ |
| プロジェクトCとAの共分散 | 0.515 |
| (相関係数) | 0.287 |

〔5.4〕 (1) ポートフォリオ図は**解図5.1**のようになる。

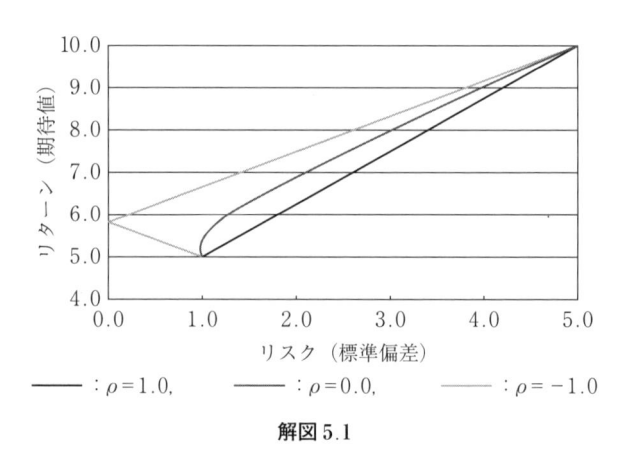

―― : $\rho = 1.0$,    ―― : $\rho = 0.0$,    ―― : $\rho = -1.0$

**解図5.1**

(2) ポートフォリオ図は**解図5.2**のようになる。

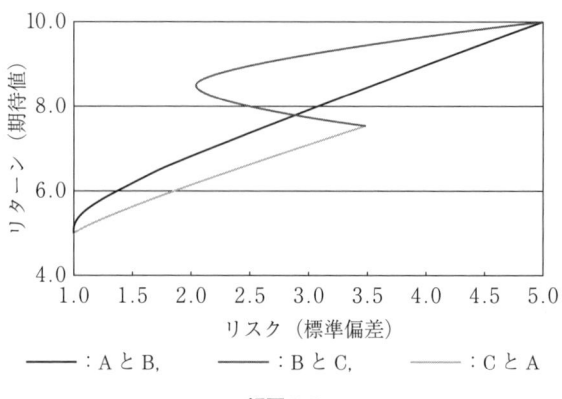

―― : AとB,    ―― : BとC,    ―― : CとA

**解図5.2**

〔5.5〕 累積分布関数は，**解図**5.3 のようになる。
Prob$[2X+Y\leq 0]=0.76$

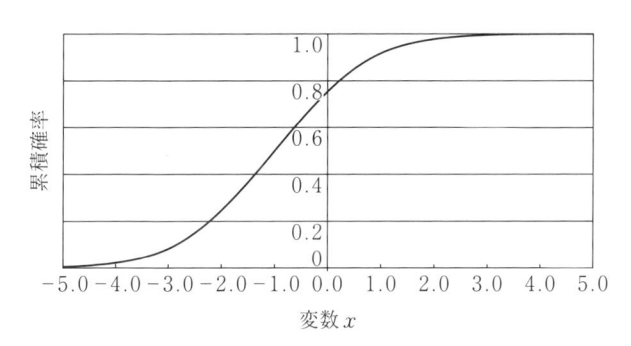

**解図**5.3

〔5.6〕 確率密度関数は，**解図**5.4 のようになる。

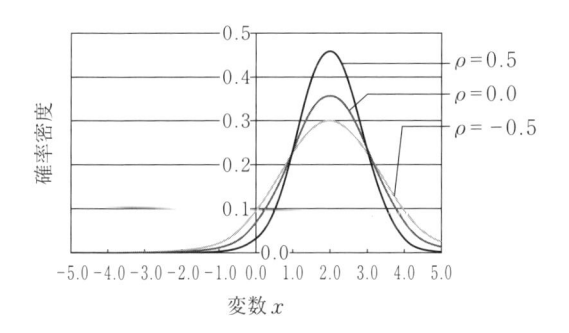

**解図**5.4

〔5.7〕 プロジェクト A の収益：$R_A=50+20X+5Y$
プロジェクト B の収益：$R_B=100+15X+10Y$
（1） 性能関数 $Q=R_A-R_B=(50+20X+5Y)-(100+15X+10Y)=-50+5X-5Y$
平均 $\mu_Q=\mathrm{E}[-50+5X-5Y]=-50+5(\mu_X-\mu_Y)=-50$
分散 $\sigma_Q^2=\mathrm{VAR}[-50+5X-5Y]=5^2\cdot\sigma_X^2+(-5)^2\cdot\sigma_Y^2=25\times(25+36)=1\,525$
（2） 標準偏差 $\sigma_Q=\sqrt{1\,525}=39.05$
信頼性指標 $\beta=\mu_Q/\sigma_Q=-50/39.05=-1.28$

# 6章

[6.1] 「レモンの市場」とは，アメリカにおける中古車市場において，ディーラーが中古車の情報に関して正しい情報を提供しないことで中古車市場が崩壊した事例を取り扱ったものである。この事例に示されるように，契約においては，契約当事者が等しい（対称な）情報を有することが必要条件となる。

[6.2] 建設契約にかかわる代表的な不可抗力としては，以下の事項が挙げられる。
・天災地変（地震，台風，暴風雨，津波，洪水，地すべり等）
・社会的混乱（戦争，テロ，内乱等）
・伝染病（SARS，鳥インフルエンザ等）
・労働争議（ストライキ，サボタージュ等）

[6.3] 各自文献を調査せよ。

[6.4] 代表的な方法としては，ボーリング調査，あるいは弾性波を用いた探査等の地質調査が挙げられる。ただし，トンネルのような線状構造物の場合には，調査に割り当てられる予算の制約から，地質調査により施工前にすべての地質条件を明らかにすることは不可能である。このため，地質リスクの低減策として地質調査を実施することのインセンティブが生じないことになる危険性がある。この課題に対処するためには，地質調査を実施することによる地質リスクの低減効果の定量化が今後の重要な検討課題になると推察される。

[6.5] 地下工事に FIDIC Silver を適用した場合には，従来の契約方式に比較して，請負者のリスク分担が過大となる危険性がある。一般に，政府機関に比較して請負者の財務力は劣る。このため，請負者のリスク分担が過大となった場合の最悪の事態として，請負者が債務超過になり倒産する危険性が想定される。このような事態になった場合には，再入札により請負者を再選定することになり，発注者自体も多大な損失を被ることになる。このように，片務的な契約は，負のリスク連鎖を引き起こす。

# 7章

[7.1] ODA は，1945 年 12 月，戦後の世界の復興と開発のため立案されたものである。1947 年 6 月には欧州復興計画（マーシャル・プラン）の構想が発表され，このアメリカの支援によって，ヨーロッパは第二次世界大戦の荒廃から復興を果たした。

[7.2] 日本では 1953 年以降，世界銀行からの有償資金を利用して，東海道新幹線・東名高速道路・黒部川第四発電所などが建設された（なお，この融資は 1990 年に完済した）。

# 演習問題解答

〔7.3〕 技術協力事業の実施機関である国際協力機構（JICA）のおもな事業は，以下のとおりである．
- 研修員受入れ（青年招へいを含む）
- 専門家派遣
- 機材供与
- 技術協力プロジェクト
- 開発調査
- 青年海外協力隊員の派遣（シニア海外ボランティアを含む）
- 無償資金協力（調査・実施の促進）
- 海外移住者・日系人への支援
- 技術協力のための人材の養成および確保
- 国際緊急援助隊の派遣
- プロジェクト形成調査

〔7.4〕 インフラ構造物整備事業をコンセッション契約により実施する場合の，政府機関発注者およびプロジェクト会社それぞれの利点・長所としては，一般論として以下のような事項が挙げられる．

① 政府機関発注者
- 初期投資額を軽減できる．
- 民間に運営を任せることにより，効率的な経営を期待できる．
- 将来の獲得キャッシュフローのぶれ（需要リスク）を低減できる．

② プロジェクト会社
- 固定資産税などの諸税が免除となる．
- リスクを正しく把握することにより，適切なリターンを享受できる．
- 運営経費節減努力が，自らの収益に直結する．

〔7.5〕 世界的には，チョーカンチャン社（タイ）およびバンシ社（フランス）のようにプロジェクト会社として参画する事例が増加しつつある理由は，従来，請負工事を主としてきた建設会社が，ローリスク・ローリターンの請負業からハイリスク・ハイリターンのエンジニアリング会社へと変貌を遂げつつあるためと推察される．

# 索引

## 【あ】
アセットマネジメント
　asset management　40

## 【い】
一般的な条件
　generic　3
イベントツリー
　event tree
　ET　67

## 【う】
請負者
　contractor　118

## 【か】
確率変数
　random variable　88
確率密度関数
　probabilistic density function, PDF　93
カントリーリスク
　country risk　12

## 【き】
機材費
　machinery expense　7, 39
期待値
　expectation　86
客観的リスク
　objective risk　63
供給
　supply　98

## 【く】
グラントレート
　grant rate　136

## 【け】
経済内部収益率
　economic internal rate of return, EIRR　24
契約
　contract　13

## 【こ】
工事単価数量表
　bill of quantities　122
構造調整
　structural adjustment　138
国際協力機構
　Japan International Cooperation Agency, JICA　25, 136
国際協力銀行
　Japan Bank for International Cooperation, JBIC　61, 136
国際コンサルティング・エンジニヤ連盟
　Fédération Internationale des Ingénieurs-Conseils, FIDIC　127
コンセッション
　concession　139

## 【さ】
財務内部収益率
　financial internal rate of return, FIRR　24
材料費
　material expense　7, 39

## 【し】
資源
　resources　5
市場
　market　5
社会的割引率
　social discount rate　8
収益
　benefit　6
主観的リスク
　subjective risk　63
需要
　demand　98
純現在価値
　net present value, NPV　8, 18
人件費
　man-power expense　7, 39
信頼性指標
　reliability index　100

## 【す】
数量精算契約
　re-measurement contract　123

## 【せ】
正規分布
　normal distribution　93
性能関数
　performance function　99
政府開発援助
　Official Development Assistance, ODA　15, 135
世界トンネル協会
　International Tunnelling Association, ITA　131

## 【そ】
総価一括契約
　lump sum contract　122
総コスト
　total cost　80

# 索引

損失期待値
  expected loss  *64, 66, 85*

## 【た】

タイ高速度交通公社
  Mass Rapid Transit Authority，MRTA  *146*

タイ国鉄
  State Railway of Thailand，SRT  *146*

大量輸送交通網
  mass transit  *42*

ターンキー契約
  turn-key contract  *122*

## 【ち】

調達
  procurement  *40*

## 【て】

デットサービスカバーレシオ
  debt service coverage ratio，DSCR  *144*

転嫁
  transfer  *13*

## 【と】

特定した条件
  site-specific  *3*

トンネルボーリングマシン
  tunnel boring machine，TBM  *7, 110*

## 【な】

内部収益率
  internal rate of return, IRR  *18*

## 【は】

発注者
  owner  *118*

パブリックプライベートパートナーシップ
  public private partnership，PPP  *16, 130*

バンコク高速道路公社
  Bangkok Expressway Public Company Limited，BECL  *148*

バンコク大量輸送交通公社
  Bangkok Mass Transit Authority，BMA  *146*

バンコク大量輸送システム社
  Bangkok Mass Transit System, Bangkok Sky Train，BTS  *146*

バンコクメトロ
  Bangkok Metro Public Company Limited，BMCL  *149*

## 【ひ】

標準偏差
  standard deviation  *86*

費用便益比
  cost benefit ratio  *18*

## 【ふ】

不確実性
  uncertainty  *11, 16*

不可抗力
  force majeure  *132*

プライベートファイナンスイニシアティブ
  private finance initiative，PFI  *16, 130*

プロジェクト
  project  *2*

プロジェクトコスト
  project cost  *38*

プロジェクトマネジメント
  project management  *1*

プロジェクトリスクマネジメント
  project risk management，PRM  *54*

紛争処理委員会
  Dispute Board，DB  *129*

紛争調停委員会
  Dispute Adjudication Board，DAB  *129*

分配
  allocation  *13*

## 【へ】

返還
  transfer  *138*

## 【ほ】

ポートフォリオ
  portfolio  *92, 115*

## 【ま】

マーケットリスク
  market risk  *12*

マネジメント
  management  *2*

マネージャー
  manager  *2*

## 【め】

メッセンジャー
  messenger  *3*

## 【も】

持ち株契約
  shareholder agreement，SHA  *148*

モンテカルロシミュレーション
  Monte Carlo simulation  *84, 103*

モンテカルロ法
  Monte Carlo Method  *84*

## 【ゆ】

融資の条件
  conditionality  *138*

## 【ら】

ライフサイクルコスト
  life cycle cost  *6*

## 索引

乱数
　random number　　104
ランプサム固定価格
　lump sum with fixed cost　　123
ランプサム変動価格
　lump sum with escalated cost　　123

## 【り】

リスク
　risk　　16
　——に対する態度
　　risk attitude　　57
リスク解析学会
　The Society for Risk Analysis　　56
リスク回避的
　risk adverse　　57
リスク吸収
　risk absorption　　78
リスクコントロール
　risk control　　57
リスク趣向的
　risk loving　　57
リスク対応
　risk response　　57, 77
リスク中立的
　risk neutral　　57
リスク低減／減少
　risk reduction, risk mitigation　　78
リスク転嫁
　risk transfer　　78
リスク同定
　risk identification　　56, 58
リスク評価
　risk assessment　　57, 63
リスクファイナンス
　risk finance　　57
リスク分析
　risk analysis　　64
リスク分配
　risk allocation　　82
リスク分類
　risk classification　　56, 58
リターン
　return　　93

## 【る】

累積分布関数
　cumulative distribution function, CDF　　93

## 【れ】

レモンの市場
　market of lemon　　132

## 【ろ】

ローン契約
　loan agreement　　148

## 【わ】

割引キャッシュフロー
　discounted cash flow, DCF　　26

## 【B】

BMA
　Bangkok Metropolitan Area　　145
BMR
　Bangkok Metropolitan Region　　146
BOO
　build-own-operate　　139
BOT
　build-operate-transfer　　139
BTO
　build-transfer-operate　　152

## 【E】

EPC
　engineering procurement construction　　128, 140

## 【F】

FIDIC Red　　127
FIDIC Silver　　127
FIDIC Yellow　　127

## 【O】

ODA の円借款事業
　ODA Loan　　135
OM
　operation and maintenance　　142

―― 著者略歴 ――

| | |
|---|---|
| 1979 年 | 京都大学工学部土木工学科卒業 |
| 1981 年 | 京都大学大学院修士課程修了（土木工学専攻） |
| 1981 年 | 大成建設株式会社勤務 |
| 1987 年 | 大成建設株式会社研修休職 |
| | カナダ ブリティッシュ・コロンビア大学客員研究員 |
| 1988 年 | 大成建設株式会社復職 |
| 1993 年 | 博士（工学）（京都大学） |
| 1997 年 | 京都大学助教授 |
| 1998 年 | タイアジア工科大学助教授 |
| 1999 年 | 京都大学助教授 |
| 2003 年 | 京都大学教授 |
| 2020 年 | 京都大学名誉教授 |
| 2020 年 | 松江工業高等専門学校校長 |
| | 現在に至る |

# プロジェクトマネジメント
Project Management

© Hiroyasu Ohtsu 2011

2011 年 5 月 10 日　初版第 1 刷発行
2020 年 6 月 15 日　初版第 2 刷発行

検印省略

著　者　大　津　宏　康
発行者　株式会社　コロナ社
　　　　代表者　牛来真也
印刷所　新日本印刷株式会社
製本所　有限会社　愛千製本所

112-0011　東京都文京区千石 4-46-10
発行所　株式会社　コロナ社
CORONA PUBLISHING CO., LTD.
Tokyo Japan

振替 00140-8-14844・電話 (03) 3941-3131 (代)
ホームページ　https://www.coronasha.co.jp

ISBN 978-4-339-05639-6　C3351　Printed in Japan　　　　（中原）

JCOPY ＜出版者著作権管理機構 委託出版物＞

本書の無断複製は著作権法上での例外を除き禁じられています。複製される場合は，そのつど事前に，出版者著作権管理機構（電話 03-5244-5088，FAX 03-5244-5089，e-mail: info@jcopy.or.jp）の許諾を得てください。

本書のコピー，スキャン，デジタル化等の無断複製・転載は著作権法上での例外を除き禁じられています。
購入者以外の第三者による本書の電子データ化及び電子書籍化は，いかなる場合も認めていません。
落丁・乱丁はお取替えいたします。

# 土木計画学ハンドブック

**コロナ社 創立90周年記念出版**
**土木学会 土木計画学研究委員会 設立50周年記念出版**

土木学会 土木計画学ハンドブック編集委員会 編
B5判／822頁／本体25,000円／箱入り上製本／口絵あり

委員長：小林潔司
幹　事：赤羽弘和，多々納裕一，福本潤也，松島格也

可能な限り新進気鋭の研究者が執筆し，各分野の第一人者が主査として編集することにより，いままでの土木計画学の成果とこれからの指針を示す書となるようにしました。
第Ⅰ編の基礎編を読むことにより，土木計画学の礎の部分を理解できるようにし，第Ⅱ編の応用編では，土木計画学に携わるプロフェッショナルの方にとっても，問題解決に当たって利用可能な各テーマについて詳説し，近年における土木計画学の研究内容や今後の研究の方向性に関する情報が得られるようにしました。

## 目　次

――Ⅰ. 基礎編――

1. **土木計画学とは何か**（土木計画学の概要／土木計画学が抱える課題／実践的学問としての土木計画学／土木計画学の発展のために1：正統化の課題／土木計画学の発展のために2：グローバル化／本書の構成）
2. **計画論**（計画プロセス論／計画制度／合意形成）
3. **基礎数学**（システムズアナリシス／統計）
4. **交通学基礎**（交通行動分析／交通ネットワーク分析／交通工学）
5. **関連分野**（経済分析／費用便益分析／経済モデル／心理学／法学）

――Ⅱ. 応用編――

1. **国土・地域・都市計画**（総説／わが国の国土・地域・都市の現状／国土計画・広域計画／都市計画／農山村計画）
2. **環境都市計画**（考慮すべき環境問題の枠組み／環境負荷と都市構造／環境負荷と交通システム／循環型社会形成と都市／個別プロジェクトの環境評価）
3. **河川計画**（河川計画と土木計画学／河川計画の評価制度／住民参加型の河川計画：流域委員会等／治水経済調査／水害対応計画／土地利用・建築の規制・誘導／水害保険）
4. **水資源計画**（水資源計画・管理の概要／水需要および水資源量の把握と予測／水資源システムの設計と安全度評価／ダム貯水池システムの計画と管理／水資源環境システムの管理計画）
5. **防災計画**（防災計画と土木計画学／災害予防計画／地域防災計画・災害対応計画／災害復興・復旧計画）
6. **観光**（観光学における土木計画学のこれまで／観光行動・需要の分析手法／観光交通のマネジメント手法／観光地における地域・インフラ整備計画手法／観光政策の効果評価手法／観光学における土木計画学のこれから）
7. **道路交通管理・安全**（道路交通管理概論／階層型道路ネットワークの計画・設計／交通容量上のボトルネックと交通渋滞／交通信号制御交差点の管理・運用／交通事故対策と交通安全管理／ITS技術）
8. **道路施設計画**（道路網計画／駅前広場の計画／連続立体交差事業／駐車場の計画／自転車駐車場の計画／新交通システム等の計画）
9. **公共交通計画**（公共交通システム／公共交通計画のための調査・需要予測・評価手法／都市間公共交通計画／都市・地域公共交通計画／新たな取組みと今後の展望）
10. **空港計画**（概論／航空政策と空港計画の歴史／航空輸送市場分析の基本的視点／ネットワーク設計と空港計画／空港整備と運営／空港整備と都市地域経済／空港設計と管制システム）
11. **港湾計画**（港湾計画の概要／港湾施設の配置計画／港湾取扱量の予測／港湾投資の経済分析／港湾における防災／環境評価）
12. **まちづくり**（土木計画学とまちづくり／交通計画とまちづくり／交通工学とまちづくり／市街地整備とまちづくり／都市施設とまちづくり／都市計画・都市デザインとまちづくり）
13. **景観**（景観分野の研究の概要と特色／景観まちづくり／土木施設と空間のデザイン／風景の再生）
14. **モビリティ・マネジメント**（MMの概要：社会的背景と定義／MMの技術・方法論／国内外の動向とこれからの方向性／これからの方向性）
15. **空間情報**（序論－位置と高さの基準／衛星測位の原理とその応用／画像・レーザー計測／リモートセンシング／GISと空間解析）
16. **ロジスティクス**（ロジスティクスとは／ロジスティクスモデル／土木計画指向のモデル／今後の展開）
17. **公共資産管理・アセットマネジメント**（公共資産管理／ロジックモデルとサービス水準／インフラ会計／データ収集／劣化予測／国際規格と海外展開）
18. **プロジェクトマネジメント**（プロジェクトマネジメント概論／プロジェクトマネジメントの工程／建設プロジェクトにおけるマネジメントシステム／契約入札制度／新たな調達制度の展開）

定価は本体価格＋税です。
定価は変更されることがありますのでご承下さい。

図書目録進呈◆

**安全工学会の総力を結集した便覧！20年ぶりの大改訂！**

# 安全工学便覧
## （第4版）

B5判・1,192ページ　本体38,000円
箱入り上製本　2019年7月発行！！

### 安全工学会【編】

編集委員長：土橋　律
編　集　委　員：新井　充　　板垣　晴彦　　大谷　英雄
（五十音順）　　笠井　尚哉　　鈴木　和彦　　高野　研一
　　　　　　　西　晴樹　　　野口　和彦　　福田　隆文
　　　　　　　伏脇　裕一　　松永　猛裕

特設サイト

### 刊行のことば（抜粋）

「安全工学便覧」は、わが国における安全工学の創始者である北川徹三博士が中心となり体系化を進めた安全工学の科学・技術の集大成として1973年に初版が刊行された。広範囲にわたる安全工学の知識や情報がまとめられた安全工学便覧は、安全工学に関わる研究者・技術者、安全工学の知識を必要とする潜在危険を有する種々の現場の担当者・管理者、さらには企業の経営者などに好評をもって迎えられ、活用されてきた。時代の流れとともに科学・技術が進歩し、世の中も変化したため、それらの変化に合わせるために1980年に改訂を行い、さらにその後1999年に大幅な改訂を行い「新安全工学便覧」として刊行された。その改訂から20年を迎えようとするいま、「安全工学便覧（第4版）」刊行の運びとなった。

今回の改訂は、安全工学便覧が当初から目指している、災害発生の原因の究明、および災害防止、予防に必要な科学・技術に関する知識を体系的にまとめ、経営者、研究者、技術者など安全に関わるすべての方を読者対象に、安全工学の知識の向上、安全工学研究や企業での安全活動に役立つ書籍とすることを目標として行われた。今回の改訂においては、最初に全体の枠組みの検討を行い、目次の再編成を実施している。旧版では細かい分野別の章立てとなっていたところを
　　　第Ⅰ編　安全工学総論、第Ⅱ編　産業安全、第Ⅲ編　社会安全、第Ⅳ編　安全マネジメント
という大きな分類とし、そこに詳細分野を再配置し編成し直すことで、情報をより的確に整理し、利用者がより効率的に必要な情報を収集できるように配慮した。さらに、旧版に掲載されていない新たな科学・技術の進歩に伴う事項や、社会の変化に対応するために必要な改訂項目を、全体にわたって見直し、執筆や更新を行った。特に、安全マネジメント、リスクアセスメント、原子力設備の安全などの近年注目されている内容については、多くを新たに書き起こしている。約250人の安全の専門家による執筆、見直し作業を経て安全工学便覧の最新版として完成させることができた。つまり、安全工学関係者の総力を結集した便覧であるといえる。

委員長　土橋　律

### 【目　次】
**第Ⅰ編　安全工学総論**
1．安全とは／2．安全の基本構造／3．安全工学の役割
**第Ⅱ編　産業安全**
1．産業安全概論／2．化学物質のさまざまな危険性／3．火災爆発／4．機械と装置の安全
5．システム・プロセス安全／6．労働安全衛生／7．ヒューマンファクタ
**第Ⅲ編　社会安全**
1．社会安全概論／2．環境安全／3．防災
**第Ⅳ編　安全マネジメント**
1．安全マネジメント概論／2．安全マネジメントの仕組み／3．安全文化／4．現場の安全活動
5．安全マネジメント手法／6．危機管理／7．安全監査

定価は本体価格＋税です。
定価は変更されることがありますのでご了承下さい。

図書目録進呈◆

# 土木系 大学講義シリーズ

(各巻A5判，欠番は品切です)

■編集委員長 伊藤 學
■編集委員 青木徹彦・今井五郎・内山久雄・西谷隆亘
　　　　　榛沢芳雄・茂庭竹生・山﨑 淳

| 配本順 | | | 頁 | 本体 |
|---|---|---|---|---|
| 2. (4回) | 土木応用数学 | 北田 俊行 著 | 236 | 2700円 |
| 3. (27回) | 測量学 | 内山 久雄 著 | 206 | 2700円 |
| 4. (21回) | 地盤地質学 | 今井・福江 / 足立 共著 | 186 | 2500円 |
| 5. (3回) | 構造力学 | 青木 徹彦 著 | 340 | 3300円 |
| 6. (6回) | 水理学 | 鮏川 登 著 | 256 | 2900円 |
| 7. (23回) | 土質力学 | 日下部 治 著 | 280 | 3300円 |
| 8. (19回) | 土木材料学(改訂版) | 三浦 尚 著 | 224 | 2800円 |
| 10. | コンクリート構造学 | 山﨑 淳 著 | | |
| 11. (28回) | 改訂 鋼構造学(増補) | 伊藤 學 著 | 258 | 3200円 |
| 12. | 河川工学 | 西谷 隆亘 著 | | |
| 13. (7回) | 海岸工学 | 服部 昌太郎 著 | 244 | 2500円 |
| 14. (25回) | 改訂 上下水道工学 | 茂庭 竹生 著 | 240 | 2900円 |
| 15. (11回) | 地盤工学 | 海野・垂水 編著 | 250 | 2800円 |
| 17. (30回) | 都市計画(四訂版) | 新谷・髙橋 / 岸井・大沢 共著 | 196 | 2600円 |
| 18. (24回) | 新版 橋梁工学(増補) | 泉・近藤 共著 | 324 | 3800円 |
| 19. | 水環境システム | 大垣 真一郎 他著 | | |
| 20. (9回) | エネルギー施設工学 | 狩野・石井 共著 | 164 | 1800円 |
| 21. (15回) | 建設マネジメント | 馬場 敬三 著 | 230 | 2800円 |
| 22. (29回) | 応用振動学(改訂版) | 山田・米田 共著 | 202 | 2700円 |

定価は本体価格+税です。
定価は変更されることがありますのでご了承下さい。

図書目録進呈◆

# 環境・都市システム系教科書シリーズ

(各巻A5判,欠番は品切です)

- ■編集委員長　澤　孝平
- ■幹　　　事　角田　忍
- ■編集委員　荻野　弘・奥村充司・川合　茂
- 　　　　　　嵯峨　晃・西澤辰男

| 配本順 | | | 著者 | 頁 | 本体 |
|---|---|---|---|---|---|
| 1. | (16回) | シビルエンジニアリングの第一歩 | 澤　孝平・嵯峨　晃<br>川合　茂・角田　忍<br>荻野　弘・奥村充司<br>西澤辰男 共著 | 176 | 2300円 |
| 2. | (1回) | コンクリート構造 | 角田　忍<br>竹村和夫 共著 | 186 | 2200円 |
| 3. | (2回) | 土質工学 | 赤木知之・吉村優治<br>上　俊二・小堀慈久 共著<br>伊東　孝 | 238 | 2800円 |
| 4. | (3回) | 構造力学Ⅰ | 嵯峨　晃・武田八郎<br>原　隆・勇　秀憲 共著 | 244 | 3000円 |
| 5. | (7回) | 構造力学Ⅱ | 嵯峨　晃・武田八郎<br>原　隆・勇　秀憲 共著 | 192 | 2300円 |
| 6. | (4回) | 河川工学 | 川合　茂・和田　清<br>神田佳一・鈴木正人 共著 | 208 | 2500円 |
| 7. | (5回) | 水理学 | 日下部重幸・檀　柾秀<br>湯城豊勝 共著 | 200 | 2600円 |
| 8. | (6回) | 建設材料 | 中嶋清実・角田　忍<br>菅原　隆 共著 | 190 | 2300円 |
| 9. | (8回) | 海岸工学 | 平山秀夫・辻本剛三<br>島田富美男・本田尚正 共著 | 204 | 2500円 |
| 10. | (9回) | 施工管理学 | 友久誠司<br>竹下治之 共著 | 240 | 2900円 |
| 11. | (21回) | 改訂測量学Ⅰ | 堤　隆 著 | 224 | 2800円 |
| 12. | (22回) | 改訂測量学Ⅱ | 岡林　巧・堤　隆<br>山田貴浩・田中龍児 共著 | 208 | 2600円 |
| 13. | (11回) | 景観デザイン<br>―総合的な空間のデザインをめざして― | 市坪　誠・小川総一郎<br>谷平　考・砂本文彦 共著<br>溝上裕二 | 222 | 2900円 |
| 15. | (14回) | 鋼構造学 | 原　隆・山口隆司<br>北原武嗣・和多田康男 共著 | 224 | 2800円 |
| 16. | (15回) | 都市計画 | 平田登基男・亀野辰三<br>宮腰和弘・武井幸久 共著<br>内田一平 | 204 | 2500円 |
| 17. | (17回) | 環境衛生工学 | 奥村充司<br>大久保孝樹 共著 | 238 | 3000円 |
| 18. | (18回) | 交通システム工学 | 大橋健一・柳澤吉保<br>尚岸節夫・佐々木恵一<br>日野　智・折田仁典 共著<br>宮腰和弘・西澤辰男 | 224 | 2800円 |
| 19. | (19回) | 建設システム計画 | 大橋健一・荻野　弘<br>西澤辰男・柳澤吉保<br>鈴木正人・伊藤雅 共著<br>野田宏治・石内鉄平 | 240 | 3000円 |
| 20. | (20回) | 防災工学 | 渕田邦彦・疋田　誠<br>檀　柾秀・吉村優治 共著<br>塩野計司 | 240 | 3000円 |
| 21. | (23回) | 環境生態工学 | 宇野宏司<br>渡部守義 共著 | 230 | 2900円 |

定価は本体価格+税です。
定価は変更されることがありますのでご了承下さい。

図書目録進呈◆

## エコトピア科学シリーズ

■名古屋大学未来材料・システム研究所 編（各巻A5判）

| | | | 頁 | 本体 |
|---|---|---|---|---|
| 1. | エコトピア科学概論 ― 持続可能な環境調和型社会実現のために ― | 田原　譲他著 | 208 | 2800円 |
| 2. | 環境調和型社会のためのナノ材料科学 | 余語利信他著 | 186 | 2600円 |
| 3. | 環境調和型社会のためのエネルギー科学 | 長崎正雅他著 | 238 | 3500円 |

## シリーズ　21世紀のエネルギー

■日本エネルギー学会編　　　　　　　　　（各巻A5判）

| | | | 頁 | 本体 |
|---|---|---|---|---|
| 1. | 21世紀が危ない ― 環境問題とエネルギー ― | 小島紀徳著 | 144 | 1700円 |
| 2. | エネルギーと国の役割 ― 地球温暖化時代の税制を考える ― | 十市・小川・佐川 共著 | 154 | 1700円 |
| 3. | 風と太陽と海 ― さわやかな自然エネルギー ― | 牛山　泉他著 | 158 | 1900円 |
| 4. | 物質文明を超えて ― 資源・環境革命の21世紀 ― | 佐伯康治著 | 168 | 2000円 |
| 5. | Cの科学と技術 ― 炭素材料の不思議 ― | 白石・大谷・京谷・山田 共著 | 148 | 1700円 |
| 6. | ごみゼロ社会は実現できるか | 行本・西立田 共著 | 142 | 1700円 |
| 7. | 太陽の恵みバイオマス ― $CO_2$を出さないこれからのエネルギー ― | 松村幸彦著 | 156 | 1800円 |
| 8. | 石油資源の行方 ― 石油資源はあとどれくらいあるのか ― | JOGMEC調査部編 | 188 | 2300円 |
| 9. | 原子力の過去・現在・未来 ― 原子力の復権はあるか ― | 山地憲治著 | 170 | 2000円 |
| 10. | 太陽熱発電・燃料化技術 ― 太陽熱から電力・燃料をつくる ― | 吉田・児玉・郷右近 共著 | 174 | 2200円 |
| 11. | 「エネルギー学」への招待 ― 持続可能な発展に向けて ― | 内山洋司編著 | 176 | 2200円 |
| 12. | 21世紀の太陽光発電 ― テラワット・チャレンジ ― | 荒川裕則著 | 200 | 2500円 |
| 13. | 森林バイオマスの恵み ― 日本の森林の現状と再生 ― | 松村・吉岡・山崎 共著 | 174 | 2200円 |
| 14. | 大容量キャパシタ ― 電気を無駄なくためて賢く使う ― | 直井・堀 編著 | 188 | 2500円 |
| 15. | エネルギーフローアプローチで見直す省エネ ― エネルギーと賢く、仲良く、上手に付き合う ― | 駒井啓一著 | 174 | 2400円 |

以下続刊

新しいバイオ固形燃料 ― バイオコークス ―　　井田民男著

定価は本体価格+税です。
定価は変更されることがありますのでご了承下さい。

図書目録進呈◆

# 地球環境のための技術としくみシリーズ

(各巻A5判)

コロナ社創立75周年記念出版 〔創立1927年〕

■編集委員長　松井三郎
■編集委員　　小林正美・松岡　譲・盛岡　通・森澤眞輔

| 配本順 | | | | 頁 | 本体 |
|---|---|---|---|---|---|
| 1. (1回) | 今なぜ地球環境なのか | 松井三郎編著 | | 230 | 3200円 |
| | 松下和夫・中村正久・髙橋一生・青山俊介・嘉田良平 共著 | | | | |
| 2. (6回) | 生活水資源の循環技術 | 森澤眞輔編著 | | 304 | 4200円 |
| | 松井三郎・細井由彦・伊藤禎彦・花木啓祐・荒巻俊也・国包章一・山村尊房 共著 | | | | |
| 3. (3回) | 地球水資源の管理技術 | 森澤眞輔編著 | | 292 | 4000円 |
| | 松岡　譲・髙橋　潔・津野　洋・古城方和・楠田哲也・三村信男・池淵周一 共著 | | | | |
| 4. (2回) | 土壌圏の管理技術 | 森澤眞輔編著 | | 240 | 3400円 |
| | 米田　稔・平田健正・村上雅博 共著 | | | | |
| 5. | 資源循環型社会の技術システム | 盛岡　通編著 | | | |
| | 河村清史・吉田　登・藤田　壮・花嶋正孝・宮脇健太郎・後藤敏彦・東海明宏 共著 | | | | |
| 6. (7回) | エネルギーと環境の技術開発 | 松岡　譲編著 | | 262 | 3600円 |
| | 森　俊介・槌屋治紀・藤井康正 共著 | | | | |
| 7. | 大気環境の技術とその展開 | 松岡　譲編著 | | | |
| | 森口祐一・島田幸司・牧野尚夫・白井裕三・甲斐沼美紀子 共著 | | | | |
| 8. (4回) | 木造都市の設計技術 | | | 282 | 4000円 |
| | 小林正美・竹内典之・髙橋康夫・山岸常人・外山　義・井上由起子・菅野正広・鉾井修一・吉田治典・鈴木祥之・渡邉史夫・高松　伸 共著 | | | | |
| 9. | 環境調和型交通の技術システム | 盛岡　通編著 | | | |
| | 新田保次・鹿島　茂・岩井信夫・中川　大・細川恭史・林　良嗣・化岡仲也・青山吉隆 共著 | | | | |
| 10. | 都市の環境計画の技術としくみ | 盛岡　通編著 | | | |
| | 神吉紀世子・室崎益輝・藤田　壮・島谷幸宏・福井弘道・野村康彦・世古一穂 共著 | | | | |
| 11. (5回) | 地球環境保全の法としくみ | 松井三郎編著 | | 330 | 4400円 |
| | 岩間　徹・浅野直人・川勝健志・植田和弘・倉阪秀史・岡島成行・平野　喬 共著 | | | | |

定価は本体価格+税です。
定価は変更されることがありますのでご了承下さい。

図書目録進呈◆

# 土木・環境系コアテキストシリーズ

(各巻A5判)

■編集委員長　日下部 治
■編集委員　　小林 潔司・道奥 康治・山本 和夫・依田 照彦

| 　 | 配本順 | 共通・基礎科目分野 | 著者 | 頁 | 本体 |
|---|---|---|---|---|---|
| A-1 | (第9回) | 土木・環境系の力学 | 斉木 功 著 | 208 | 2600円 |
| A-2 | (第10回) | 土木・環境系の数学<br>―数学の基礎から計算・情報への応用― | 堀宗朗<br>市村強 共著 | 188 | 2400円 |
| A-3 | (第13回) | 土木・環境系の国際人英語 | 井合 進<br>R. Scott Steedman 共著 | 206 | 2600円 |
| A-4 | 　 | 土木・環境系の技術者倫理 | 藤原章夫<br>木村定雄 共著 | 　 | 　 |

| 　 | 配本順 | 土木材料・構造工学分野 | 著者 | 頁 | 本体 |
|---|---|---|---|---|---|
| B-1 | (第3回) | 構　造　力　学 | 野村 卓史 著 | 240 | 3000円 |
| B-2 | (第19回) | 土　木　材　料　学 | 中村聖三<br>奥松俊博 共著 | 192 | 2400円 |
| B-3 | (第7回) | コンクリート構造学 | 宇治 公隆 著 | 240 | 3000円 |
| B-4 | (第4回) | 鋼　　構　　造　　学 | 舘石 和雄 著 | 240 | 3000円 |
| B-5 | 　 | 構　造　設　計　論 | 佐藤尚次<br>香月智 共著 | 　 | 　 |

| 　 | 配本順 | 地盤工学分野 | 著者 | 頁 | 本体 |
|---|---|---|---|---|---|
| C-1 | 　 | 応　用　地　質　学 | 谷 和夫 著 | 　 | 　 |
| C-2 | (第6回) | 地　盤　力　学 | 中野 正樹 著 | 192 | 2400円 |
| C-3 | (第2回) | 地　盤　工　学 | 髙橋 章浩 著 | 222 | 2800円 |
| C-4 | 　 | 環　境　地　盤　工　学 | 勝見武<br>乾徹 共著 | 　 | 　 |

| 　 | 配本順 | 水工・水理学分野 | 著者 | 頁 | 本体 |
|---|---|---|---|---|---|
| D-1 | (第11回) | 水　　理　　学 | 竹原 幸生 著 | 204 | 2600円 |
| D-2 | (第5回) | 水　　文　　学 | 風間 聡 著 | 176 | 2200円 |
| D-3 | (第18回) | 河　　川　　工　　学 | 竹林 洋史 著 | 200 | 2500円 |
| D-4 | (第14回) | 沿　岸　域　工　学 | 川崎 浩司 著 | 218 | 2800円 |

| 　 | 配本順 | 土木計画学・交通工学分野 | 著者 | 頁 | 本体 |
|---|---|---|---|---|---|
| E-1 | (第17回) | 土　木　計　画　学 | 奥村 誠 著 | 204 | 2600円 |
| E-2 | (第20回) | 都　市・地　域　計　画　学 | 谷下 雅義 著 | 236 | 2700円 |
| E-3 | (第12回) | 交　　通　　計　　画　　学 | 金子 雄一郎 著 | 238 | 3000円 |
| E-4 | 　 | 景　　観　　工　　学 | 川﨑雅史<br>久保田善明 共著 | 　 | 　 |
| E-5 | (第16回) | 空　間　情　報　学 | 須崎純一<br>畑山満則 共著 | 236 | 3000円 |
| E-6 | (第1回) | プロジェクトマネジメント | 大津 宏康 著 | 186 | 2400円 |
| E-7 | (第15回) | 公共事業評価のための経済学 | 石倉智樹<br>横松宗太 共著 | 238 | 2900円 |

| 　 | 配本順 | 環境システム分野 | 著者 | 頁 | 本体 |
|---|---|---|---|---|---|
| F-1 | 　 | 水　環　境　工　学 | 長岡 裕 著 | 　 | 　 |
| F-2 | (第8回) | 大　気　環　境　工　学 | 川上 智規 著 | 188 | 2400円 |
| F-3 | 　 | 環　境　生　態　学 | 西村修<br>山田一裕<br>野中岡隆行文 共著 | 　 | 　 |
| F-4 | 　 | 廃　棄　物　管　理　学 | 中山裕文<br>島岡隆行 共著 | 　 | 　 |
| F-5 | 　 | 環　境　法　政　策　学 | 織 朱實 著 | 　 | 　 |

定価は本体価格+税です。
定価は変更されることがありますのでご了承下さい。

図書目録進呈◆